Cuys
Riesenmeerschweinchen
Cavia aperea f. porcellus

Marta Cadena Arias

Bildnachweis
Titelbild: Cuy
Foto: M. Zeddies
Bild Seite 1: Cuy beim Verzehr einer Maispflanze
Foto: M. Cadena Arias

ISBN: 978-3-86659-050-2

An der Kleimannbrücke 39/41
48157 Münster
www.ms-verlag.de
Geschäftsführung: Matthias Schmidt
Lektorat: Kathrin Aretz & Kriton Kunz
Layout: Nick Nadolny, Ludger Hogeback
Druck: Alföldi, Debrecen

Inhalt

Vorwort

Als vor etwa zehn Jahren neue Meerschweinchen aus Südamerika eingeführt und vorgestellt wurden, staunte halb Deutschland: Irgendwie passten die Ankömmlinge nicht zum gewohnten Bild unserer „Kuschelschweinchen“. Nicht nur, dass sie mit ihren XXL-Maßen anders aussahen, sie benahmen sich auch kurios. Man verpasste ihnen sogar einen „neuen alten“ Namen: „Cuy“.

Schon bald wurden sie von vielen als plumpe Ungetüme vorverurteilt und abgelehnt. Andere aber nahmen die Cuys gerade wegen ihrer Eigenheiten liebevoll auf und gaben ihnen eine neue Heimat. Von Kennern werden sie seitdem nachgezüchtet.

Dieses mit vielen Erfahrungsberichten angereicherte Buch zeigt die Cuys mit ihren Besonderheiten und richtet sich an Meerschweinchenfans, die Freude an besonders großen und eigenwilligen Tieren haben.

Langhaar-Cuy und dreifarbiges Schopf-Cuy
Foto: M. Zeddies

Cuys sind noch recht neu hier. Will man sie gesund erhalten, muss man ihre Bedürfnisse kennen lernen, was nicht ohne Beispiele aus Südamerika geht. Tiefe Einblicke in die andine Zuchtpraxis und die Verwendung der während meiner Ecuador-Reisen (1998 und 2005) gesammelten Bilder und Infos erlaubten mir Roberto Moncayo aus Salinas, Fernando Baquero und Carlos Jara aus Ibarra sowie Agraringenieure aus Cahuasqui. Mein besonderer Dank gilt meinem Verleger, Matthias Schmidt, für die Veröffentlichung dieses Bands der Reihe „Art für Art" und die gute Zusammenarbeit, ebenso allen hier namentlich nicht genannten Freunden, die zum Gelingen des Buches beigetragen haben, und meiner Familie, die dieses Projekt mit viel Geduld und Verständnis unterstützte.

Wussten Sie schon?
Der hohe Stellenwert von Meerschweinchenfleisch gründet auf seinem hohen Gehalt an essenziellen gesättigten und ungesättigten Fettsäuren (wie z. B. Linol-/Linolen-, Arachin- und Hexadecensäure). Es hat viel mehr Eiweiß als andere Fleischsorten, dafür nur wenig Fett und ist fast frei von Cholesterin und Triglycerinen. Der Verzehr trägt nach südamerikanischen Studien zur Verkürzung von Genesungsprozessen bei.

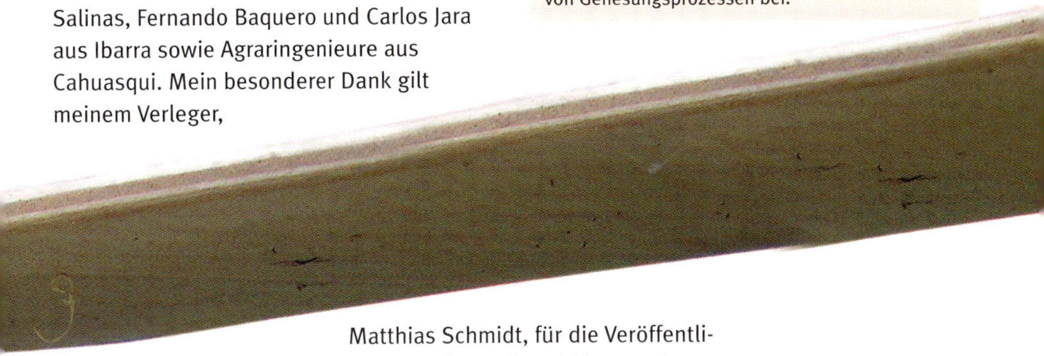

Marta Cadena Arias,
Weiterstadt im Sommer 2008

Schecken-Cuys in Goldagouti-Rot-Weiß und Schwarz-Weiß
Foto: M. Cadena Arias

Was ist ein Cuy? - Die Geschichte eines Nutztieres

Die Tatsache, dass in Südamerika Meerschweinchen verspeist werden, erschien mir anfangs schrecklich. Doch je mehr ich über die Herkunft und Geschichte meiner Lieblinge las, desto klarer wurde mir: Die Ureinwohner Südamerikas konnten natürlich nur Tiere als Nahrung verwerten, die auf ihrem Kontinent heimisch waren und dafür als tauglich erschienen. Der Umgang mit Meerschweinchen war dort seit jeher anders als bei uns. Archäologische Funde, radiometrisch auf 6.000 Jahre datiert, beweisen die frühe Nutzung vorerst wilder Stammformen. Möglich, dass die Tiere zunächst nur mythologisch-religiöse Bedeutung hatten, so als Orakel bei Konflikten. Erst viel später müssen sie ihres Fleisches wegen gejagt worden sein. Das beweisen ihre Knochenreste in Erdschichten aus der Vor-Inkazeit (sog. „Sambaquis“), die Forscher als menschgemachten Müll deuten.

Wussten Sie schon?
Erste Domestikationsversuche gehen auf sehr alte Völker zurück, die wie die Aymaras und Quechuas heute noch existieren. Aus ihren Dialekten stammen verschiedene Benennungen für Meerschweinchen wie z.B. „Acurito“, „(S)ava“, „Cochinillo“, „Curi“, „Huanco“, „Jaca“ und „Sawia“ (vergl. „Cavia“), die alle dasselbe Tier, nämlich den Cuy, einschließlich seiner Wildformen meinen.

Zu Besuch auf der Zuchtfarm von R. Moncayo in Salinas, Ecuador (2005)
Foto: M. Cadena Arias

Die eigentliche Domestikation belegen Ausgrabungen aus Ecuador (3.000 v. Chr.), dem nördlichen Zentralhochland (Altiplano) und dem Küstensaum Perus, wo man mit der Gründung fester Siedlungen bald zu Ackerbau und Viehzucht überging. Alltagsgegenstände aus der Chavin-Kultur (ab 1.200 v. Chr.) mit Meerschwein-Motiven zeigen: Aus dem Kultobjekt der Könige wurde bald ein für jeden erreichbares Wesen, das Wohlstand und Nahrung bedeutete.

Obwohl viele Bräuche im Laufe der Zeit verloren gingen, spürt man heute noch, wie sehr das Meerschweinchen als Symbol für Glück und Freundschaft gewürdigt wird, so als Hochzeitsgeschenk, als Tierspende bei Volksfesten zu Ehren von Lokalheiligen (z. B. „Yaca tsarij“, Peru, „Ensayo“, Ecuador) oder als Gabe an Stadtherren, Grundbesitzer und Delegierte aus Nachbarorten, weil man sich so Sympathien zu bewahren erhofft. Aus unserer Sicht zu beschmunzeln sind allseits beliebte Wettspiele wie das „Juego del Cuy“ oder die urige Kneipen-Sitte, Gehörknöchelchen als Orakel zu verwenden. Wenn ein

Etikett von Tiefkühl-Cuys, die u. a. nach Europa exportiert werden
Foto: M. Cadena Arias

Zu Besuch bei Cuy-Züchter F. Baquero in Ibarra, Ecuador (2000) Foto: M. Cadena Arias

Meerschweinchen sich aufstellt und laut quiekt, soll großes Unheil erfolgen; ein Amulett aus Knochenteilen aber schütze vor Unglück und Verhungern, sagt der Volksmund. Heute noch werden Meerschweinchen in der Naturmedizin als Medium benutzt.

Zwar führten die Europäer Nutztiere wie Rinder, Schweine und Schafe nach Südamerika ein, doch deren Fleisch war teuer. Als das Fleischangebot in der Mitte des letzten Jahrhunderts durch die Bevölkerungsexplosion auch noch knapp wurde, empfahlen Ernährungsexperten die alte andine „Diät“, um die Unterernährung der Ärmsten zu bekämpfen. Damit Meerschweinchen als leicht vermehrbare, gesunde Eiweißquelle zu Verbesserungen beitrugen, optimierten Agrarwissenschaftler an Universitäten und Großfarmen ihre Haltungs- und Fütterungsbedingungen, kreuzten leistungsfähige Linien (PESA-Programm = „Programa Especial de Seguridad Alimentaria“ oder MEJOCUY-Projekt = „Mejoramento Genético y Manejo del Cuy“) und schufen industrielle Rassen, die nicht nur zu Züchtungszwecken in ganz Lateinamerika verteilt wurden, sondern deren Fleisch – verzehrfertig abgepackt als Konserve – auch Länder wie China, Japan, die USA und Spanien erreichte. Bevor der Kampf um Marktvorrang und Profit eskalierte, stellte die Regierung Perus Anfang 2002 die Meerschweinchen als Nationalerbe

Südamerikas unter besonderen Schutz und schlug landesweite Regelungen von Zucht und Handel vor.

Erste Riesenmeerschweinchen erreichten Europa vor etwa 15–20 Jahren, wo sie als touristische Mitbringsel in Privathände oder Zoos kamen. 1995–2005 folgten weitere Importe nach Deutschland, wo man zu ihrer Unterscheidung von kleinen Meerschweinchen am südamerikanischen Namen „Cuy" festhält.

In Deutschland werden Cuys bislang selten gehalten.
Foto: M. Zeddies

Einige Anmerkungen zur Biologie

Cuys sind keine neue Tierart, sondern Abwandlungen jener Meerschweinchen, die wir bereits kennen. Sie sind lediglich unter Einfluss anderer Auswahlkriterien entstanden.

Wussten Sie schon?
Der wissenschaftliche Name „Cavia“ könnte sowohl aus der Sprache der Tupi „Sawiya“ (= Ratte) über Portugiesisch latinisiert worden sein als auch für das lateinische Wort „cavum“ (Höhle, Loch) stehen. Nach den Internationalen Regeln für zoologische Nomenklatur wurde daraus der wissenschaftliche Name „Cavia aperea f. porcellus“. Die ältesten zoologischen Beschreibungen von Meerschweinchen verdanken wir Gesner (1554), Linné (1758), Pallas (1766), Tschudi und Nehring (1889).

Beschreibung

Für Cuys typisch ist der grobe, wulstige oder auch gestreckte Körper mit kurzen, kräftigen Extremitäten. Schulter und Brustkorb sind je nach „Konstruktionstyp“ breit, mit weit stehenden, gewölbten Rippen, oder schmal, mit geraden, eng stehenden Rippen. Der Kopf ist länglich oval, mit teils sehr spitzer Nase. Die oft dicht behaarten Ohren bilden entweder große, gewellte Lappen oder sind als kurze Stehohren ausgebildet. Das auffälligste Merkmal der Cuys ist ihre Größe bzw. Masse. Sie erreichen schon mit neun Monaten nicht selten Körperlängen von 30–35 cm bei 1,8–2,2 kg Gewicht. Eine besonders große Fleischrasse, erzüchtet in Peru, wo man statt „Cuy“ auch „Cobayo“ sagt, soll Endgewichte von über 4,5 kg erreichen. Eines meiner Importtiere (von R. Moncayo, Salinas, EC) wurde in der Tat bei ca. 45 cm

Diagramm 1: Gewichtsentwicklung von Cuys (schwarze Linie) und normalen Meerschweinchen (rote Linie) im Vergleich (CADENA 2000)

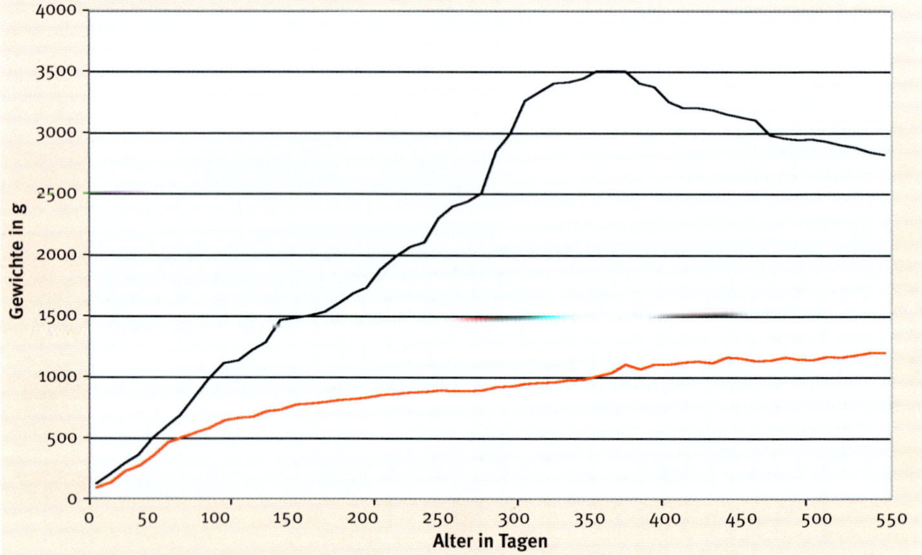

Cuy-Gruppe beim Fressen
Foto: M. Zeddies

Länge 3,8 kg schwer. Dass Frohwüchsigkeit allerdings nicht nur auf Genetik allein, sondern auch auf guter Fütterung und Stallhygiene beruht, zeigen folgende Beispiele: Während viele Meerschweinchenbesitzer hierzulande optimal versorgte Tiere mit über 1,5 kg vorzeigen können, sah ich in Ecuador ausgewachsene Cuys, die aufgrund von Mangelhaltung und Inzucht nur 1,7 kg erreichten.

Cuys wachsen sichtbar schubweise. Ihr Wachstumsabschluss liegt zwischen 9 und 18 Monaten (bei kleinen Meerschweinchen 8–15 Monate). Bei Gewichtsmessungen konnte beobachtet werden, dass Alttiere wieder stark an Masse verlieren und ein kürzeres Leben ha-

Diagramm 2: Das „E-Modul der Tiere“: Wachstumskurven dokumentieren den Zusammenhang zwischen schnellem Wachsen und kürzerer Lebensspanne; hier zwei Cuy-Böcke im Vergleich (Cadena 2000).

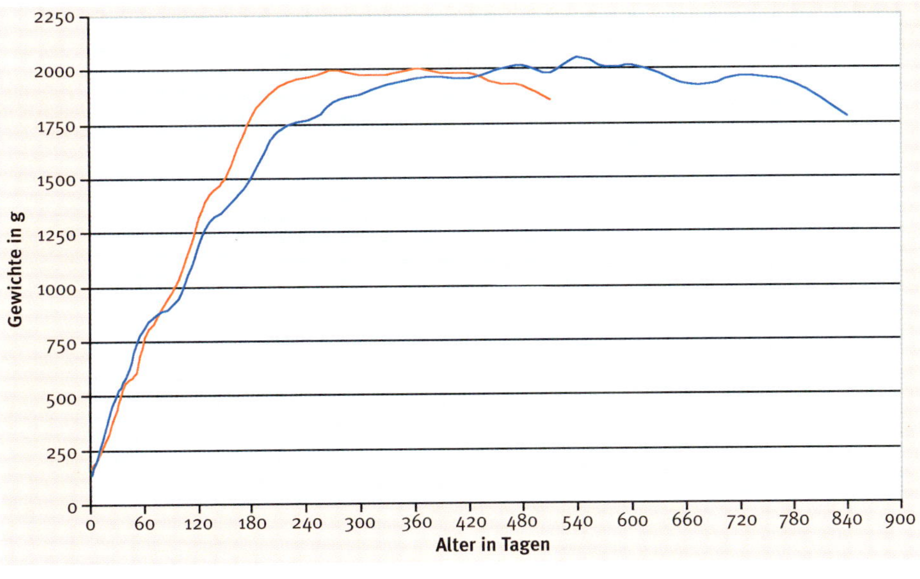

Angaben zu Körper und Organen von Cuys

Körperbau / Innenorgan	Europäische Meerschweinchen (Durchschnittswerte nach deutscher Literatur)	5 Monate altes Cuy-Weibchen (nach CADENA 2005)
Körper (Länge)	27 cm *)	36 cm (ausgestreckt 41 cm)
Körper (Gewicht)	1000 g *)	1345 g (ungeöffnet 1,5 kg)
Luftröhren (Länge)	ca. 3,5 cm	ca. 4,5 cm
Speiseröhre (Länge)	–	12 cm
Lungen (Gewicht/Größe)	– –	rechts 6,0 g / 5,0 x 2,5 cm links 4,0 g / 4,5 x 2,5 cm
Herz (Gewicht/Länge)	0,25-0,58 (Schnitt: 0,43) % KG 2,0 cm	4,0 g = ca. 0,30 % KG 3,0 cm
Leber (Gewicht/Größe)	3,9 % des KG – –	50 g = ca. 3,7 % KG 11 x 7,0 cm (gesamt)
Nieren (Gewicht/Größe im Oval)	– –	jeweils 6,0 g jeweils 3,2 x 2,0 cm
Milz (Gewicht/Größe)	Länge 2,5-3,0 cm Breite 0,8-1,0 cm –	Länge 5,0 cm Breite 1,7 cm 4,0 g
Magen im Oval, Fassungsvermögen	– – 20-30 ml	10 x 6,0 cm 35-40 ml
Darm (Länge gesamt)	230 cm	372 cm
Dünndarm (Länge)	145 cm	200 cm
Dickdarm (Länge)	ca. 85 cm	172 cm
davon Blinddarmanteil (Coekum) im Oval	Länge 15 cm –	Länge 15 cm Breite 3,0-4,0 cm
davon Grimmdarmanteil (Colon)	– ca. 70 cm	– 155 cm
Blase (Gewicht/Größe)	– leer etwa erbsengroß	0,2 g (leer) 1,5 x 1,5 cm (leer)

*) Angaben je nach Rasse / Ernährungszustand variabel, KG = Körpergewicht

Gemischte Cuy-Gruppe: Sheltie bunt, Amerikanisch Schopf schwarz, Rosette bunt
Foto: M. Zeddies

ben, je schneller sie wachsen. Als natürliche Lebenserwartung gibt TRUJILLO (1994) 5–6 Jahre an, hierzulande wurden Cuys meist nur 2–3 Jahre alt.

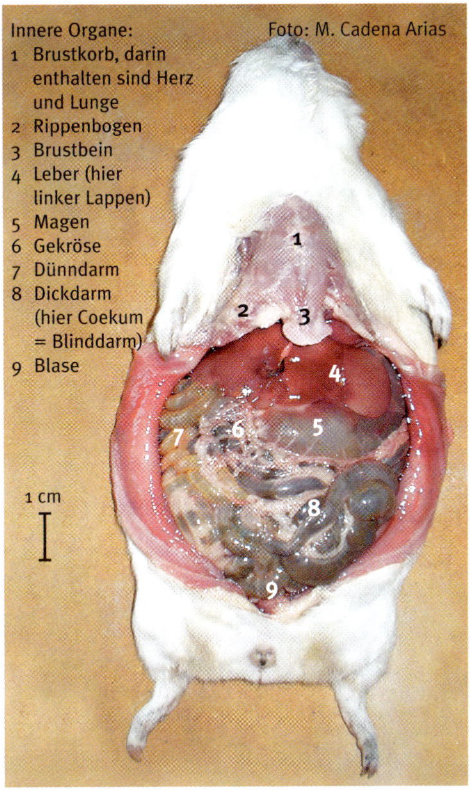

Biologische Daten des Cuys

Wenn man bedenkt, wie stark Gebrauchsauslese schon nach wenigen Generationen Tiere innerlich und äußerlich prägt (z. B. Körperform, innere Organe, Stoffwechsel, Hirngröße und -leistung, Verhalten, Fell und Farben), ist es umso eindrucksvoller, dass Cuys und kleine Meerschweinchen nach einem halben Jahrtausend getrennter Entwicklung noch so vieles gemeinsam haben. Bei den Organen der Cuys ist keins abhanden gekommen, nur ihre Relation zur Körpergröße bzw. Masse ist anders. Ob es Abweichungen im Hormonhaushalt oder im Chemismus einzelner Organe gibt, oder inwieweit sich Futterumsatz und Fortpflanzung unterscheiden, wurde bisher nicht untersucht. Der folgende anatomische Vergleich gründet auf Daten aus deutscher Fachliteratur sowie eigenen Untersuchungen mit tierärztlicher Unterstützung.

	Europäische MS (Eckwerte nach deutscher Literatur)	Cuys (Eckwerte nach südamerikanischer Literatur)
Körpertemperatur [°C]	38,3	
Atmung [Züge/Minute]	80-100	80
Puls [Schläge/Minute]	300	240
Sehvermögen	Gute Unterscheidung von Rot, Grün, Gelb	
Hörvermögen	ca. 16.000–33.000 Hz	
Geruchsinn	1000 mal besser als der Mensch	
Verständigung	Grunzen, Glucksen, Gurren, Quieken, Zähneklappern, lautes Schreien, selten Tschilpen	
Angaben zum Körperbau	Kopf mit großen Augen und Ohren (Fluchttiere!), rundlich-länglicher Körper mit kräftiger Nackenpartie, je zwei Vorder- und Hinterbeine (Ballen- bzw. Zehengänger), bei beiden Geschlechtern 2 Zitzen	
Angaben zum Skelett		
Halswirbel	7	
Brustwirbel	12	12-13
Lendenwirbel	6	
Kreuzbeinwirbel	4	
Schwanzwirbel	7	3-5
Brustbeinrippen	8	9
Lose Rippen	4	
Zehen vorne	4	4-8
Zehen hinten	3	3-7
Zahnformel	1013/1013 x 2 = 20 Zähne, wurzellos, ständig wachsend	
Angaben zu Böcken		
Hodenabstieg	ab 6 Wochen	ab 5 Wochen
Geschlechtsreife	60-75 Tage	normal ab 40. LT *)
Zuchtreife	3-7 Monate	normal ab 40.-50. LT *)
Angaben zu Weibchen		
Geschlechtsreife	28-35 Tage, selten 3 Wochen	ab 25. LT *)
Zuchtreife	3-6 Monate	normal ab 70. LT oder 700 g*)
Zyklusdauer gesamt	16-20 Tage	14,5-24 Tage*)
Vorbrunst (Proöstrus)	1,5-4 Tage	13-18 Std.
Brunst (Östrus)	24 Stunden, davon 8-11 (5-14) Std. Hochbrunst	12 Std., davon 1-2 Std. Hochbrunst
Eisprung (Ovulation)	10 Std. nach Brunstbeginn	10-11 Std. nach Brunstbeginn
Ei-Einbettung (Nidation)	6 Tage nach Befruchtung	o. A.
Nachphase (Metöstrus)	1,5-5 Tage	18-23 Std.
Brunstpause (Diöstrus)	14,5-18 Tage	13-15 Tage
Tragzeit	60-70 (Schnitt: 68) Tage	58-74 (Schnitt: 70) Tage
Anzahl der Jungen	1-6	1-8
Absetzalter	21-28 Tage oder 150-250 g KG	zwischen 7. und 21. LT
Erlöschen der Fortpflanzungszeit	5-6 Jahre	o. A.

Gegenüberstellung biologischer Daten. KG = Körpergewicht, LT = Lebenstag, Std. = Stunden, o. A. = ohne Angaben; *) Angaben je nach Rasse variabel

Verwandtschaft

Immer mehr Forscher vertreten die Auffassung, dass alle Meerschweinchenartigen nicht zu den Nagern gehören, sondern eine eigene Ordnung bilden. Denn mehrere verschiedene genetische und biochemische Untersuchungen belegen die großen Unterschiede der

Taxonomische Klassifikation der Meerschweinchen
Grafik: CADENA 2007

Meerschweinchenverwandten zu allen anderen Nagern. Bis diese Frage vollständig geklärt ist, werden Meerschweinchen allerdings weiterhin den Nagern (Rodentia) zugeordnet.

Meerschweinchen entwickelten sich wegen der langen Isolierung des südamerikanischen Kontinentes von der übrigen Welt eigenständig. Sie bilden ausgehend von den Meerschweinchenverwandten (Caviomorpha), den Meerschweinartigen (Cavioidea) und der Familie der Meerschweinchen (Caviidae) vier Gattungen der Eigentlichen Meerschweinchen (Caviinae; Wiesel-, Fels-, Zwerg-, Wildmeerschweinchen) mit ca. 14 Arten.

Wildmeerschweinchen sind die Stammform des „modernen" Hausmeerschweinchens. Zoologen diskutieren aber kontrovers, welche Unterart als Ausgangstier in Frage kommt: Sowohl *Cavia tschudii* als auch *Cavia aperea* seien möglich; die Abstammung des Tschudii-Meerschweinchens von der Aperea-Grundform wäre eine Lösung. Nach trinärer Klassifikation einiger Wissenschaftler (PULGAR VIDAL 1952; CABRERA 1953) sind heute neun von zehn Aperea-Arten sicher erkannt.

Verbreitungsraum verschiedener Aperea-Arten (nach CHAUCA DE ZALDIVAR 1997, umgezeichnet).
1 *Cavia aperea aperea*
2 *Cavia aperea rosida*
3 *Cavia aperea hypoleuca*
4 *Cavia aperea pamparum*
5 *Cavia aperea sodalis*
6 *Cavia aperea asgoodi*
7 *Cavia aperea tschudii*
8 *Cavia aperea festina*
9 *Cavia aperea guianae*
10 *Cavia aperea anolaimae*

Dass die Arbeit der Zoologen auf diesem Gebiet so schwierig ist, könnte darin liegen, dass es sich bei einigen wild lebenden Tiergruppen um wieder in die Freiheit entflohene Haustiere handelt, die sich entweder im Lauf der Zeit mit Wildmeerschweinchen der einen oder der anderen Form kreuzten oder durch Anpassung an verschiedene Vegetations- und Klimabereiche „Unterformen" entwickelten. Mag sein, dass der antike Mensch aus diesen Stämmen wiederum Tiere für seine Zwecke einfing und sie zu ortstypischen Rassen formte. Die sich so ergebenden geringen Unterschiede in den heutigen Beständen könnten erklären, warum es zwischen manchen Zuchtlinien Anpaarungsschwierigkeiten gibt, über die nicht nur Wissenschaftler (DE ZALDIVAR 1997; ZUMBACH 1998), sondern auch Cuy-Züchter hierzulande berichten.

Verbreitung und Lebensraum

Wildmeerschweinchen meiden Wüste und Regenwald, sie leben meist im Schutz von dichtem Gestrüpp und Höhlen in Savannen und Hochgebirgstälern. Entsprechend ihrer natürlichen Verbreitung gehören Bolivien, Ecuador und Peru zu den klassischen „Cuy-Ländern".

Lebensweise und Verhalten

Cuys sind gesellige Rudeltiere mit strenger Hierarchie. So führt ein erfahrenes Männchen als Ranghöchster die Gruppe an; nach ihm folgt das Alpha-Weibchen als feste Partnerin. Die Paarbindung der beiden ist so fest, dass bei einer Trennung die gesamte Gruppe darunter leidet. Zur Herstellung der Rangordnung, die sich je nach Alter, Größe und Dominanz der Individuen immer neu einpendelt, gehören Machtkämpfe und „Mobbing" unter Ausgrenzung schwacher, kranker Tiere auch bei Weibchen zum Programm. Gegenseitiges

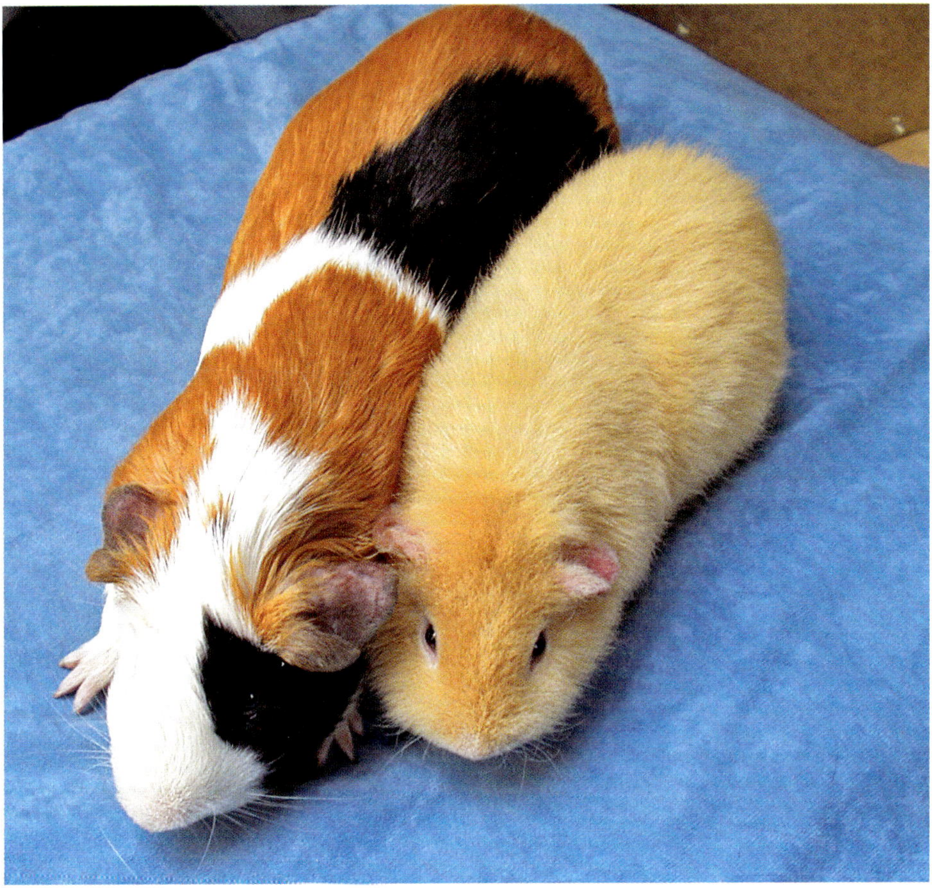

Größenvergleich: Cuys sind sichtbar anders in Gestalt, Größe, Gewicht und Wuchseigenschaften. Ausgewachsenes Rassemeerschweinchen neben jungem Cuy (links).
Foto: M. Cadena Arias

Anspringen, Seitenknuffen, Nasenhiebe, Aufreißen des Mauls mit Zähneklappern und Hetzjagden sind nicht selten. Manche Individuen gehen dem Streit geschickt aus dem Weg und verkriechen sich, andere widersetzen sich durch Verspritzen von Urin. Wird es dem Bock, der das ganze Getöse eine Weile beobachtet, zu viel, stellt er sich schlichtend zwischen die Parteien und zeigt seine „Treue" zum Alpha-Weibchen, z. B. durch Schulter-an-Schulter-Liegen mit ihr.

Das führende Pärchen kontrolliert regelmäßig durch Beschnuppern die Aufnahmebereitschaft anderer Weibchen. Wird eines brünstig, wirbt der Bock unter lautem, tiefem Gurren und wedelndem Tänzelgang um das Weibchen und hält Jungböcke auf Distanz. Nur selten zu beobachten ist, dass sich mehrere Männchen in einer gemischten Gruppe Weibchen teilen. Meist endet die „Männerfreundschaft" mit ernsten Rangkämpfen.

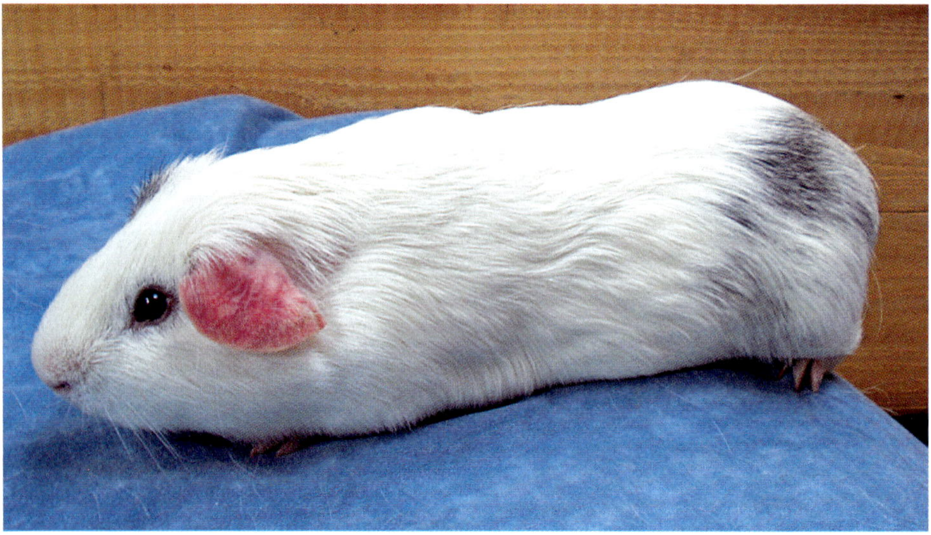

Cuy vom Typ B: lange, schmale Formen kennzeichnen diese Tiere. Foto: M. Cadena Arias

Cuy-Rassen

In Südamerika wurde ein Cuy-Standard geschaffen, der vor allem der Qualitätskontrolle dient. Eine Unterscheidung nach Typ und Bau ist dort wichtiger als die Einteilung nach Fellstruktur und Farbe. Der Hautpigmentierung wird eine größere Rolle zugedacht.

Cuy vom Typ A: diese Tiere sind kompakt gebaut, mit kurzen Beinen und kantig-breitem Schädel. Foto: M. Cadena Arias

Unterscheidung nach Typ und Bau

Nach der Körpersymmetrie kennt man zwei Grundformen: Der Kompakte Typ A („bracoid", auch „brevilíneo") mit walzenförmigem Körper, kurzen Beinen und prismaförmigem Kopf ist eher im Hochgebirge anzutreffen. Er neigt zu gutem Muskelansatz, ohne zu verfetten, ist von ruhigem Charakter und hat selten Geburtsprobleme.

Der längliche Typ B („graoid", auch „longilíneo") mit pfeilförmigem Körper, schmaler Schulter und Hüfte, längeren Beinen und spitzem Kopf ist in tiefer gelegenen Regionen verbreitet. Er hat negative Eigenschaften wie geringeren Fleischansatz, leichte Verfettung, unruhig-nervöses Temperament und häufige Geburtsprobleme – dieser Typ ist daher in der Zucht weniger willkommen.

Cuys der Felltypklasse I, hier Glatthaar und Schopf in Weiß, Creme-Weiß und Rot-Weiß. Gesehen in der Zuchtstation von Cahuasqui, Ecuador.
Foto: M. Cadena Arias

Unterscheidung nach Fellstruktur

Je nach Felltyp werden Cuys in vier Klassen unterteilt:

- Klasse I: Tiere mit glattem, kurzem Fell wie Glatthaar, Englisch Schopf und Amerikanisch Schopf.
- Klasse II: Rosetten. Sie haben längere, glatte Fellhaare und sind aufgrund ihres ruhigen Wesens beliebt.

Cuy der Felltypklasse II. Rosette in Rot-Weiß.
Foto: M. Cadena Arias

Cuy der Felltypklasse III, hier Coronet in Weiß. Gesehen bei F. Baquero, Ibarra, Ecuador.
Foto: M. Cadena Arias

- Klasse III: Langhaartiere, gleich welcher Struktur. Züchter sagen, die Schleppe verhindere ihre Verpaarung; sie werden nur aus Liebhaberei vermehrt.
- Klasse IV: Cuys mit kurzen, krausen Fellhaaren, oft mit versteckten Rosetten und/oder Schopf. Diese sehr ruhigen Tiere sind selten und in der Zucht begehrt.

Cuy der Felltypklasse I, hier Amerikanisch Schopf. Gesehen bei F. Baquero, Ibarra, Ecuador.
Foto: M. Cadena Arias

Unterscheidung nach Fellfarben

Die Wirkung von Scheckungs- sowie Aufhellungsfaktoren auf Fell- und Augenfarbe wurde in Südamerika bisher nicht erkannt bzw. das Wissen darum nicht gelehrt. Die meisten Farbrassen sind zufällige Selektionsprodukte. Im Folgenden wurden die Rassennamen aus Peru übernommen und durch europäische Benennungen ergänzt.

Cuy der Felltypklasse IV,
Schweizer Teddy in Rot
Foto: M. Cadena Arias

Einfarbige Tiere:

- „Weiß“: von matt-glanzloser bis zu heller, klarer Farbe
- „Gelbfalbe“: alle gelblichen Tiere (Eiscreme, Creme, Buff)
- „Fuchs“: hell rötliche Tiere über Gold bis zu „geröstetem“ Rot (Safran, Gold, Orange, Rot, bis dunkles „Irish-Setter“-Rot)
- „Violett“: in Hell (Beige) und in Dunkel (Lilac)
- „Schwarz“: von brillant-glänzend (Sepia, Slate-Blue) bis opak-düster (echtes Schwarz)

Zweifarbige Tiere:

- „Moro“ (Mohr): Kombination aus weißen und schwarzen Sticheln, je nach Verhältnis Weiß zu Schwarz als Heller, Gewöhnlicher oder Dunkler Mohr bezeichnet

„Moro“: schwarz-weißer
Cuy im Langhaar-Look
Foto: M. Cadena Arias

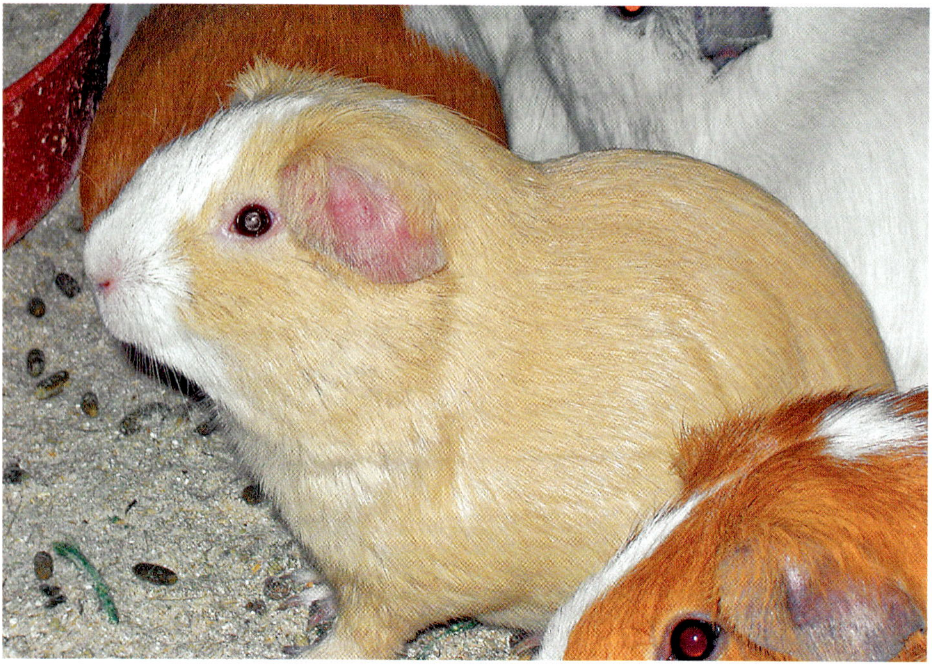

„Gelbfalb“: Cuy im Farbschlag Safran. Gesehen bei F. Baquero, Ibarra, Ecuador.
Foto: M. Cadena Arias

- „Lobo“ (Wolf): vergleichbar mit Brindles. Je nach Verhältnis Rot zu Schwarz als Heller, Gewöhnlicher oder Dunkler Wolf bezeichnet
- „Ruano“: Farbvarianten des „Wolfes“ in Aufhellung (z. B. Schoko-Orange, Lilac-Gold etc.) in Abstufungen hell-gewöhnlich-dunkel

Mehrfarbige und Zeichnungstiere:

- „Buntfalbe“: unregelmäßig gescheckte oder gestichelte Tiere
- „Geringelte“ oder Gestreifte: Tiere mit Farbbändern, die um den ganzen Körper laufen (Harlekins, Holländer)

„Nebelig“ oder „getüpfelt“? Glatthaar in Silberagouti. Gesehen bei F. Baquero, Ibarra, Ecuador.
Foto: M. Cadena Arias

„Lobo“ oder „geringelt“? Von beidem etwas.
Foto: M. Cadena Arias

- „Kombinierte“: Tiere mit großen Farbfeldern mit oder ohne Weiß (Schildpatt)
- „Nebelige“ (im Sinne von „Schneegestöber“): unregelmäßig weiß gesprenkelte Tiere (wie Schimmel)
- „Getüpfelte“: Tiere mit schwarzen Sprenkeln (wie Dalmatiner)
- „Luceros“ („Sternige“): Amerikanisch Schopf in allen Farben

Wussten Sie schon?
Der Letalfaktor wird in der südamerikanischen Literatur nirgends erwähnt. So kann nicht geklärt werden, ob es sich bei den „Nebeligen“ und „Getüpfelten“ um genetisch echte Schimmel/ Dalmatiner handelt oder um Magpies, evtl. Agoutis (z.B. Silberaugoutis) mit unregelmäßiger Scheckung. Häufig sind verschiedene Farbrassen gleichzeitig an einem Tier zu finden.

„Künstliche“ Linien

Man unterscheidet zwischen Cuys der Indios („Cuyes criollos“), künstlich gezüchteten Hochleistungs-Cuys („Mejorados“) und Mischlingen („Mestizen-Cuys“). Das nationale Institut für Agrarforschung Perus (INIA) entwickelte kommerzielle Fleischrassen wie:

- „Perú“-Typ: meistens Tiere mit kurzem, glattem Fell in Weiß, Creme oder Creme-Weiß. Sie sind frühreif, fruchtbar (im Schnitt 2,8 Junge pro Wurf) und wachsen schnell. Innerhalb von nur neun Monaten erreichen sie ihr Schlachtgewicht.
- „Andiner“-Typ: Sie sind häufig von rein weißer Farbe und sehr fruchtbar (im Schnitt 3,9 Junge pro Wurf).

„Pulgarcita“, ein Weibchen vom „Andinen Typ“, wiegt bereits im Alter von 5 Monaten 2,8 kg. Erstanden von F. Baquero, Ibarra, Ecuador.
Foto: M. Cadena Arias

- „Inti“-Typ: Diese Tiere wurden wegen ihrer Robustheit und Anpassungsfähigkeit an Hochlandverhältnisse ausgesucht. Sie erreichen in zehn Wochen ein mittleres Gewicht von 800 g. Die Fruchtbarkeitsrate liegt bei ca. 3,2 Jungtieren pro Wurf.

Typischer Hybride in Schwarz-Rot (gebrindelt)
Foto: M. Cadena Arias

„Mr. Cobayo" (3,8 kg) und „Amanda" (2,5 kg) aus der Zucht von R. Moncayo, Salinas, Ecuador, könnten den Typ „Macahuaslán" verkörpern.
Foto: M. Cadena Arias

In Ecuador entwickelte man in Zusammenarbeit mit der „Andean country's ministry of agriculture (MINAG)" den „Cuy Macahuaslán", über den man heute nicht mehr viel hört. Vielleicht wurden diese breit gebauten Tiere mit kurzen, kräftigen Füßen und großen Ohren eingekreuzt. Sie waren rein weiß oder hell gefärbt, mit Scheckung. Der Typ „Mejorada Nueva Tamborada" ist ein Cuy aus Bolivien. Dort hat man einheimische Cuys geringerer Produktivitätsrate mit verbesserten Linien gekreuzt. Die Fruchtbarkeitsrate ist hoch. Frühreife und schnelles Wachstum zeichnen diese Rasse aus. Die sog. „Hybriden" entstanden in den letzten zehn Jahren in Europa durch Kreuzung von Cuys verschiedener Herkunft mit europäischen Meerschweinchen. Viele Exemplare werden weit über 2,5 kg schwer. Farben, Fellstrukturen und Körperformen orientieren sich am Rassestandard.

Erwerb

Cuys haben viel Eigensinn und Kraft. Sie sind daher als „Kuscheltiere“ für Kleinkinder nicht geeignet, sondern eher etwas für Erwachsene, die am besten bereits Grunderfahrungen mit kleinen Meerschweinchen haben sollten.

Gesetzliche Bestimmungen

Eine Impfpflicht wie bei Katzen und Hunden oder eine Meldepflicht für Nachzuchten wie bei vielen Reptilien und Papageien besteht für Cuys in Deutschland nicht. Sie unterliegen nicht dem Artenschutz. Für Cuys gelten dieselben Regelungen wie für Meerschweinchen:

Cuys sind manchmal sehr neugierig.
Foto: M. Zeddies

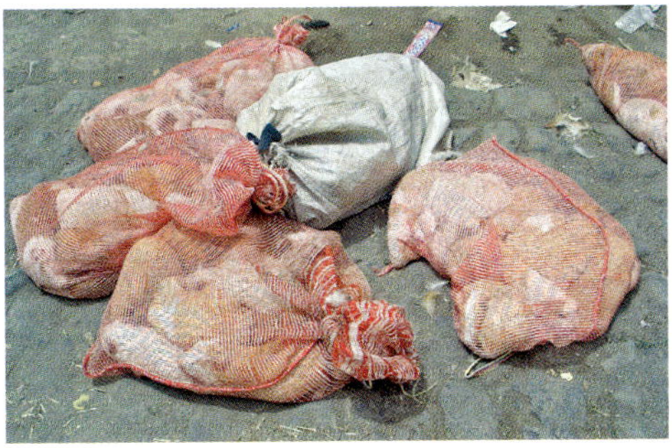

Als reine Heimtiere unterliegen Haltung, Vermehrung, Vermarktung und Nutzung dem deutschen Heimtier- sowie Tierschutzgesetz, wonach ihre Tötung nur Tierärzten nach entsprechender Indikation erlaubt ist.

Auf den südamerikanischen Viehmärkten werden Cuys angeboten, hier in Otavalo, Ecuador. Manchmal sind sie, wie auf dem rechten Foto zu sehen, zu Bündeln verpackt. Sie sollten bei solchen Verhältnissen keine Tiere kaufen.
Foto: M. Cadena Arias

Zwar ließen Cuys sich auch hierzulande als Nutztiere definieren (sie bekämen dann dieselbe Doppelrolle wie Kaninchen), nur würden Neuregelungen kleine Meerschweinchen genauso betreffen. Die Frage nach dem Sinn wurde bereits verneint, als man in Nachkriegszeiten vergeblich versuchte, Meerschweinchen auch hier als Fleischquelle einzuführen.

Wichtige Fragen vor dem Kauf:
- Ist ein Cuy wirklich das richtige Haustier für mich?
- Wie viele Tiere will ich halten und welchen Platz benötige ich?
- Wie kann ich sie vergesellschaften?
- Wer übernimmt die Urlaubspflege?

Woher bekomme ich Cuys?

In Deutschland sind Cuys noch nicht so weit verbreitet, dass man sie überall kaufen könnte. Der richtige Ansprechpartner ist der Züchter: Er wird beraten und aufklären, Papiere ausstellen und Tiere in extremen Härtefällen zurücknehmen (Tierheime und Zooläden sind der falsche Platz für Cuys). Wer keine Mühen und Kosten scheut, kann Tiere aus Südamerika mitbringen. Gute Spanisch-Kenntnisse, die Abwicklung behördlicher Formalitäten (Herkunfts- und Impfnachweis, Vorstellung bei Amtstierarzt und Zoll, Gebühren) und die Einhaltung der Transportbestimmungen von Fluggesellschaften (Maße, Belegung von Transportboxen) sind Grundlage des

Wichtig!
Gerne knäulen sich Cuys in einer Ecke übereinander (Vorsicht: Hitzestau und Herz-Kreislaufkollaps sind vorprogrammiert). Geeignete Reiseboxen haben daher voneinander abtrennbare Buchten, die ausreichend Platz für je zwei Cuys bieten. 1–2 Alttiere bzw. 2–3 Jungtiere benötigen eine Transportfläche entsprechend einem halben Gemüsekarton (ca. 45 x 30 cm) bei 30 cm Höhe.

Der Praxistipp
Wichtig für die Eingewöhnung sind:
- Das Anbieten von genügend Fluchtstellen (z. B. Häuschen) und das Hochstellen des Käfigs (z. B. in Augenhöhe mit dem Menschen), damit das Tier alles von oben überblicken kann
- Eine Vergesellschaftung mit zahmen Meerschweinchen
- Eine schrittweise Gewöhnung an Haushaltsgeräusche (Staubsauger, Musik, Fernseher) und Stimmen (helle Kinderstimmen)
- Vertrauen fördernde Maßnahmen, wie vorsichtige Annäherung (die Tiere niemals plötzlich von oben greifen, sondern seitlich), Anbieten von Leckereien und Streicheln

Erfolges. Seit 2005 überarbeitet die EU-Kommission in Brüssel die tierseuchenrechtlichen Einfuhrbestimmungen von Nagetieren, die auch Cuys betreffen. Neue Informationen erteilen Landesbehörden, wie z. B. das Umweltministerium oder das Bundesamt für Naturschutz.

So hält man große Cuys richtig: Eine Hand umfasst Kopf- und Schulterpartie, die andere Hand unterstützt den Hinterkörper.
Foto: M. Cadena Arias

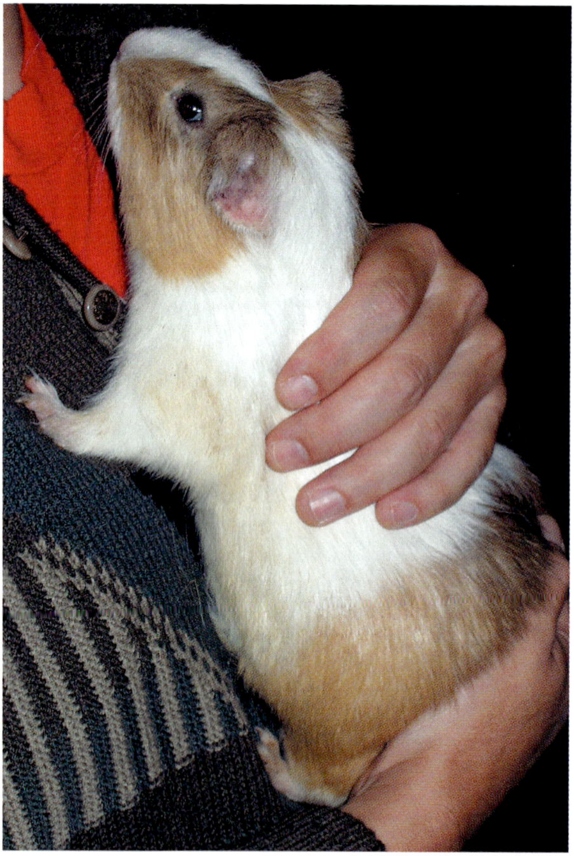

Transport und Quarantäne

Transport bedeutet für Cuys Extremstress. Ob eine Reise im Schutz von Dunkelheit besser ist oder ein Behältnis, aus dem das Tier herausschauen und alles um sich herum beobachten kann, ist zu testen. Benutzt werden können Kartons (Luftschlitze nicht vergessen) oder je nach Tierzahl auch Käfige (dabei Zugluft vermeiden, z. B. durch darüber gelegtes Tuch). Kühlakkus sorgen bei großer Hitze für ein angenehmes Reiseklima. Heu, Wasser und Futter sind besonders bei längeren Reisen stets mitzugeben.

Will man zu einem Altbestand neue Tiere setzen, gilt es Vorsichtsmaßnahmen zu ergreifen, wie sie bei Meerschweinchen üblich sind: Um die Ansteckungsgefahr zu minimieren, raten Tierärzte zu einer Quarantäne (am besten in einem extra Raum) von einer, besser bis zu drei Wochen.

Haltung

Cuys können mit wenig Aufwand überall gehalten werden. Beispiele hierfür gewinnen wir aus Südamerika, wo man sowohl Innenhaltung als auch ganzjährige Außenhaltung kennt.

Empfohlene Haltungsparameter sind:
- Höhe: 0–3.500 m ü. NN (1.800–2.200 m ü. NN optimal)
- Optimale Umgebungstemperatur: 18–22 °C (5–34 °C sind möglich, aber nicht wachstumsfördernd)
- Lichtverhältnisse: hell, aber nicht vollsonnig
- Luftfeuchtigkeit: 40–50 %
- Windverhältnisse: wenig Wind, zugluftfrei

Haltungsformen in Südamerika

Als eher nicht ideal zu bezeichnen ist die traditionelle familiäre Haltung, die in ländlichen Haushalten Südamerikas häufig ist (macht etwa 90–95 % aller Haltungsformen aus). Die Tiere werden dabei nicht sehr sauber gehalten, laufen frei im Haus oder in der Küche herum. Das Futter besteht aus Abfällen aller Art. Die Pflege übernehmen Frauen und Kinder, die kaum „zootechnische" Kenntnisse besitzen. Geschlechtertrennung praktiziert man nicht, Zuchtpausen und Ruhestände werden nicht eingehalten. Krankheiten (übertragen durch frei laufende Hühner, Hunde usw.) sind häufig. Die Tierzahl ist auf 5–30 Exemplare beschränkt, da Eigenverbrauch vor Verkauf steht.

Vorbildliche Außenhaltung im familiären Hinterhof. Hier sind die Tiere mit allem versorgt, was sie brauchen. Entgegen landesüblichen Empfehlungen werden hier die Tiere nicht in Einzelboxen gehalten. Gesehen in Cahuasqui, Ecuador. Foto: M. Cadena Arias

In Zuchtanlagen werden Cuy-Gruppen in fest gemauerten Buchten, den sog. „Pozas“, gehalten. Wie hier, bei F. Baquero in Ibarra, gehören Futterautomaten und Tränken zur Standard-Ausrüstung.
Foto: M. Cadena Arias

Viel bessere Bedingungen findet man in der familiär-kommerziellen und der intensiven Massenzucht: Hier sind Produktivität und Fleischgüte von Cuys als Ware vorrangig. Beiden Haltungsformen gemeinsam ist die Stallhaltung, wobei die nach Rasse, Alter und Geschlecht sortierten Tiergruppen in sog. „Pozas“ (Buchten in der Größe von etwa 100 x 200 cm) laufen. Die meisten großen Agrarbetriebe verfügen über Felder, auf denen sie Futterpflanzen selbst anbauen und den Mist (als guten Dünger) entsorgen können. Die Tierzahl in Kleinbetrieben liegt bei 100–500 (selten 1.000), in Großfarmen bei 1.000 bis maximal 15.000 Exemplaren. Man ist also auf die Mitarbeit qualifizierter Arbeitskräfte angewiesen. Regelmäßige Amtstierarzt-Kontrollen und Impfungen sind Pflicht, ausgeklügelte Zuchtmethoden verhindern Inzucht und Überalterung. Einrichtungen wie Zuchtboxen, mehrstöckige Käfige und entsprechendes Zubehör (Raufen, Futter- und Tränkautomaten) erleichtern die Pflege der Tiere, gehören aber noch nicht überall zum Standard.

Nicht nur die Inneneinrichtung ist wohlüberlegt, auch die Wahl von Baumaterialien und die Lage der Stallungen sind den einzelnen Klimazonen angepasst: In kühlen Regionen baut man in Nord-Süd-Ausrichtung quer zum Sonnenlauf, weil so die volle Dachfläche und damit der gesamte Stallraum erwärmt werden. Erkältungen und Blasenentzündungen ihrer Tiere vermeiden die Züchter durch dicke Lagen Maisblätter, Sägespäne oder Torf/Rindenmulch. Nächtliche Auskühlung gleicht man örtlich mit Heizkörpern aus. In heißen Klimazonen wird eine Ost-West-Ausrichtung (parallel zum Lauf der Sonne) bevorzugt. Dachschlitze sorgen für zugluftfreien Luftaustausch.

Der Praxistipp
Bei gut isolierten Stallungen ist eine ganzjährige Außenhaltung möglich. Wintertemperaturen bis -5 °C vertragen Cuys aber nur dann, wenn sie bereits ab dem Frühjahr bei Wind und Wetter draußen waren und zwischendurch nicht in beheizte Räume geholt wurden. Überdachungen und Netze sowie eingegrabene Bodengitter und Maschendrahtzäune schützen vor ungebetenen Gästen (z. B. Ratten, Mäusen, Raubvögeln, Katzen und Hunden).

Unterbringung und Inneneinrichtung

Die Unterbringung von Cuys ist grundsätzlich dieselbe wie bei kleinen Meerschweinchen. Sie sollten ein geräumiges Heim bekommen, das zugluftfrei und hell – aber nicht vollsonnig – aufgestellt wird. Handelsübliche Meerschweinchenkäfige sind für Cuys zu klein. Orientierung gibt Anhang 1 Tab. 14 der Tierschutzverordnung, wo für kleine Kaninchenrassen zwischen 2 und 3,5 kg eine Bewegungsfläche von 4.800 cm² pro Tier gefordert wird. Das entspricht etwa 70 x 70 oder 50 x 100 cm Grundfläche. Ideal erscheinen vorgefertigte oder im Bausatz angebotene Holzhäuser (erhältlich im Zoofachhandel). Aber mit etwas handwerklichem Geschick kann jedes alte Möbelstück umgebaut werden – Anleitungen dazu finden Sie in der empfohlenen Literatur am Ende dieses Buchs. Bevorzugt man die

Holzhäuser auf Beinen eignen sich für Balkon und Garten. Werden sie mit Styropor-Platten und Teerpappe umhüllt, halten sie auch im Winter schön warm.
Fotos: M. Cadena Arias

Bei früher Gewöhnung an den Menschen werden Cuys zahm.
Foto: M. Cadena Arias

Cuys benötigen genügend Rückzugsmöglichkeiten.
Foto: P. Ludwig-Bauer

Vorsichtige Annäherung
Foto: M. Zeddies

Angora-Cuy in
Silberagouti-Weiß
Foto: M. Zeddies

Checkliste zur Grundausstattung von Inneneinrichtungen:

- Keramik-Futternapf ab ca. 15 cm Durchmesser oder Futterautomat für Kaninchen
- Wasserflasche (mit oder ohne Kugelventil) ab 900 ml Fassungsvermögen
- große Heuraufe, am besten mit Deckel
- Schlafhaus der Mindestmaße 30 x 30 x 20 cm (Länge x Breite x Höhe), mit Rücksicht auf trächtige Weibchen fensterlos (als Schutz vor Strangulation)
- weitere Versteckmöglichkeiten (z. B. Paletten, Kisten, Rohre, Korktunnel) mit mindestens 20 cm Durchmesser

Innenhaltung, um die Tiere besser beobachten zu können, stellt man den Käfig an einen erhöhten Ort (z. B. auf eineTischkonstruktion), am besten nicht in Fenster- oder Heizungsnähe. Eine Außenhaltung bietet sich bei größeren Gruppen an. Gut isolierte Ställe können überall platziert werden (z. B. auf dem Balkon). Volieren oder mobile Gehege für den Garten sind ebenfalls geeignet, Sie müssen nur für genügend Schutz vor Regen, Kälte, Sonne und Fressfeinden sorgen.

Der Zoofachhandel bietet viel Zubehör für Meerschweinchen an, doch nicht jedes Modell ist auch für Cuys geeignet. Die richtige Dimensionierung und die Auswahl von Utensilien sind von der Tierzahl, aber auch der Haltungsform abhängig. Mit Leichtigkeit wirbeln Cuys übliche Ton-Futternäpfe durch die Luft, aus purer Wut darüber, dass sie wieder mal leer sind. Klo-Ecken und Auffangschalen für tropfende Trinkflaschen sind zwar bei einer Innenhaltung nützlich, aber in Außenhaltung nicht nötig. Warme Schlafhütten und eine Isolierung für Trinkflaschen gegen Einfrieren im Winter sind dagegen für draußen ein Muss. Wer seinen Tieren etwas Luxus gönnen möchte, kann in Produkte wie Möhrenhalter, auswaschbare Kuschelröhren und diverse Schaukeln investieren, aber ganz so verspielt wie „normale“ Meerschweinchen sind die „Riesen“ nicht.

Der Praxistipp

Der optimale Standort ist hell, trocken und warm, zugluftfrei, ohne Staub und Dünste (z. B. Tabakrauch, Küchendunst etc.). Der Käfig soll einen glatten Boden ohne Laufgitter aufweisen, sonst sind Fußverletzungen möglich. Besonders Jungtiere sind sehr mobil und springen gerne hoch und runter. Mit einer zusätzlichen zweiten Etage kann die Bewegungsfläche erweitert werden.

Zubehör und Ausstattung für Cuys: große Schlafhütte, Trinkflasche, Heuraufe und Futtertrog
Foto: M. Cadena Arias

Ideale Außenhaltung in überdachter Auslaufbox mit zweiter Etage
Foto: M. Cadena Arias

Vergesellschaftung

Cuys brauchen Gesellschaft. Ideal ist die Haltung eines Pärchens oder eines Trios aus einem Bock und zwei Weibchen. Will man baldigen Nachwuchs verhindern, lässt man das Männchen kastrieren, am besten noch vor der Geschlechtsreife. Erst nach dem vollständigen Verheilen der Wunden ist der Bock wirklich zeugungsunfähig; Weibchen setze man also erst nach gut 4–5 Wochen zu. Bei OP-Verzicht bietet sich die Haltung gleichgeschlechtlicher Paare oder Gruppen an. Wer nun denkt, Weibchen seien untereinander friedlicher als Böcke, der irrt gewaltig. Abgesehen von kleinen Rangeleien kommen auch Böcke gut miteinander aus, wenn sie von klein an zusammen sind. Sie riechen übrigens nicht mehr oder weniger als Weibchen: Das ist eine Sache der Sauberhaltung.

Bei der Zusammenführung neuer Partner achten Sie am besten bereits beim Kauf auf mögliche Rangeleien zwischen den Individuen, denn die Tiere stellen sehr bald fest, ob sie sich mögen und wer die Führung übernimmt. Wählen Sie eine neutrale Umgebung, frei von alten Gerüchen. Käfig und Zubehör sollte man vorher gut reinigen, neu ein-

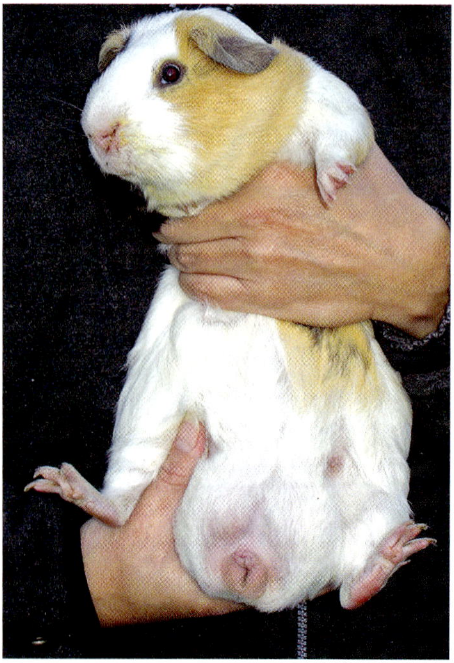

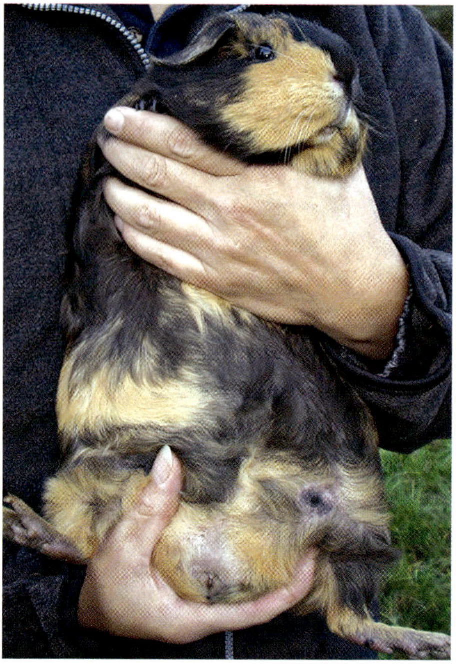

Vergleich der Geschlechter: links das Männchen, rechts das Weibchen
Fotos: M. Cadena Arias

streuen und die Häuschen herausnehmen. Die Tiere werden nun unter Quieken, Brommseln, Aufreiten und Zähneklappern eine neue Rangordnung ausfechten (das kann mehrere Tage dauern). Beruhigt sich die Situation nicht oder kommt es zu ernsthaften, blutigen Machtkämpfen, müssen Sie die Individuen trennen. Kaufen Sie Tiere beim Züchter: Der kennt seine Tiere und wird Sie bei der Auswahl beraten.

Eine Partnerschaft von Cuys und Meerschweinchen wird auf Anhieb sehr gut klappen – sie sind schließlich Artgenossen. Wer seine Tiere nicht kastrieren möchte, achte besonders auf Geschlechtertrennung. Noch ganz junge Cuy-Böcke können sogar zu ausgewachsenen Meerschweinchen-Männchen gesetzt werden. Sie wachsen im wahrsten Sinne des Wortes in die Beziehung hinein, übernehmen dann entweder aufgrund ihrer Größe automatisch die Führung oder tolerieren den kleinen Chef, was nach Beobachtungen sogar häufiger der Fall zu sein scheint. Cuy-Weibchen lassen sich altersunabhängig problemlos in eine Meerschweinchen-Weibchengruppe integrieren, andersherum aber kann es passieren, dass die „Riesen" ihre kleinen Genossinnen recht derb empfangen. Besondere Beobachtung verdienen Gruppen mit trächtigen bzw. säugenden Weibchen. Trotz bester Gruppenharmonie kam es schon vor, dass Cuys die neugeborenen Jungen kleiner Weibchen aus purem Naturinstinkt heraus ermordeten, wohl weil sie ihnen zu mickrig und

Sogar beim Fressen zeigen Cuys eine feste Rangordnung.
Foto: M. Cadena Arias

daher nicht überlebensfähig erschienen. Eigene Babys lehnen Cuy-Mütter schon beim kleinsten „Defekt" strikt ab; Fremdjunge werden häufig vertrieben.

Pflegearbeiten

Zu den Pflegearbeiten gehören das regelmäßige Reinigen von Futternäpfen, Trinkflaschen und Käfigen. Verschmutztes Zubehör spült man am besten mit kochendem Wasser. Desinfektionsmittel müssen Sie bei gesunden Tieren nicht verwenden. Eine zu „sterile" Haltung führt sogar dazu, dass sich das Immunsystem der Tiere nicht richtig ent-

Wichtig!
Eine Konstellation gilt als besonders unheilvoll: Potenter Cuy-Bock mit zierlichem Meerschweinchenweibchen. Bei dieser Anpaarung ist mit übergroßen Babys und Komplikationen bei der Trächtigkeit oder dem Geburtsvorgang zu rechnen (z. B. vorzeitiges Fruchtabsterben und Aborte, Toxikose, Zerreißen innerer Organe unter lebensbedrohlichen Blutungen bis hin zum Tod der Mutter). Auf eine Kastration des Cuy-Bockes darf hier auf keinen Fall verzichtet werden.

Wussten Sie schon?
Die „Sprache" der Cuys ist genauso reichhaltig wie die ihrer kleinen Artgenossen. Ihre Verhaltensmuster sind lediglich drastischer, manche Töne etwas tiefer: Diese reichen von zufriedenem Grunzen, Glucksen, Gurren und Quieken bis hin zu lautem Schreien. Kontakte zwischen Individuen werden durch Beschnuppern an Nase und After hergestellt. Gegenseitiges Lecken von Ohren und Augen ist meist ein Ausdruck von Freundschaft. Hochschlagen der Köpfe und Zähneklappern dagegen sind deutliche Drohgebärden.

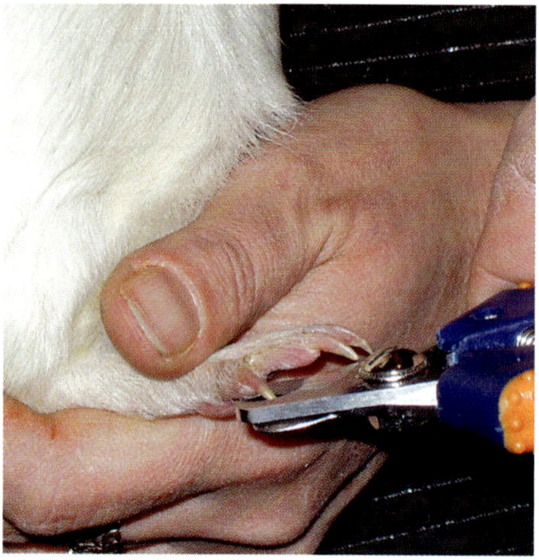

Der richtige Schnitt erfolgt parallel zur Laufebene, knapp vor dem durchbluteten Krallenbereich.
Foto: M. Cadena Arias

wickeln kann und sie bei der kleinsten Keimbelastung erkranken. Ein wöchentliches Ausmisten, bei dem man die alte Einstreu komplett entsorgt, ist bei normaler Belegung ausreichend. Den Käfigboden wischt man zusätzlich mit Essigwasser aus, das hilft gegen Ablagerungen (Urinsteinreste). Ist der Käfigboden trocken, wird eine handbreite Lage Frischstreu aufgebracht.

Zu den Pflegearbeiten am Tier selbst gehören Fellpflege, Krallenschnitt und Gesundheits-Check. Bürste, Kamm, Schere und Nagelknipser zählen dabei zu den üblichen Utensilien.

Kurzhaar-Rassen wie Glatthaar, Schopf und Rosetten sind ausgesprochen pflegeleicht. Sie müssen nicht gebürstet werden wie Langhaar-Rassen, deren Schleppe ständig nachwächst und verfilzt. Statt Cuys zu baden (was sie überhaupt nicht mögen), schneiden Sie lieber das Fell an den Verklebungen ab und kürzen Sie zu langes Fell auf Bodenlänge.

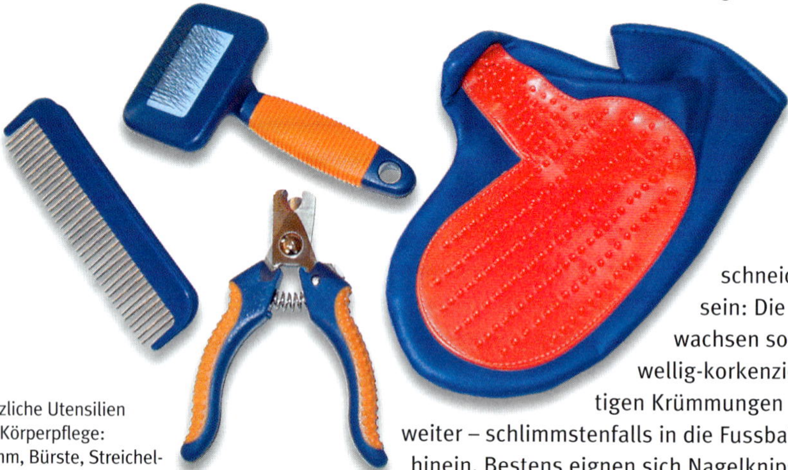

Nützliche Utensilien zur Körperpflege: Kamm, Bürste, Streichelhandschuh und Krallenschere
Foto: M. Cadena Arias

Krallenschneiden muss sein: Die Krallen wachsen sonst unter wellig-korkenzieherartigen Krümmungen immer weiter – schlimmstenfalls in die Fussballen hinein. Bestens eignen sich Nagelknipser mit Abstandhalter, die ein zu tiefes Einschneiden bis zum durchbluteten Bereich verhindern.

Der Praxistipp
Wenigstens einmal am Tag sollten Sie das Tier und seine Umgebung sorgfältig beobachten, um Ungewöhnliches frühzeitig zu erkennen. Verändertes Aussehen und Benehmen, üble Gerüche im Stall und rasselnde Atemgeräusche können erste Anzeichen für Krankheiten sein. Mehr hierzu im Kapitel Gesunderhaltung.

Nach Moncayo (1997) können Cuys bis zu 30 % ihres Körpergewichtes an Saftfutter fressen. Foto: M. Cadena Arias

Ernährung

„Europäische" Meerschweinchen haben sich seit Jahrhunderten an das hiesige Futterangebot angepasst, was wir von Cuys – vor allem neuen Importtieren – nicht erwarten können. Somit müssen wir ihre ursprüngliche Ernährung nachempfinden.

Wichtig!
Futterumstellungen müssen stets langsam erfolgen, da die Tiere sonst unter schweren Verdauungsstörungen leiden. Beginnen Sie den (jahreszeitlich bedingten) Wechsel von Futtersorten daher immer in kleinen Schritten!

Saftfutter und Wasser

Cuys sind Vegetarier. Sie werden in Südamerika mit eigens angebauten Futterpflanzen und Restprodukten der Landwirtschaft gefüttert. Normalerweise decke das den gesamten Wasserbedarf von Cuys, sagt ein ecuadorianischer Züchterkollege, der nur Alfalfa verabreicht. Andere Züchter erkannten aber, dass sauberes Trinkwasser für die Tiere wichtig ist, z. B. als Dosiermittel für Mineralstoffe, Vitamine und Medikamente. Nach ihren Empfehlungen soll das Futter zu 90 % aus frischem Grün bestehen. Hamel (2002) gibt die Tagesration für

Klee

Weißklee

Brennnessel

Confrey-Pflanze

Haselnuss

Franzosenkraut

Schafgarbe

Sauerampfer

Löwenzahn

Wicke

Luzerne

Erdbeere Foto: L. Hogeback

Spitzwegerich

Sonnenblumen

Topinambur

Liebstöckel

Mais

Wirsing

Grünkohl

Dickwurz

Kürbis

Karotte

Rosenkohl

Salate Fotos: M. Cadena Arias

Gelbrüben
Foto: M. Cadena Arias

Meerschweinchen mit 4 % ihres Körpergewichtes bei Aufnahme von 50–100 ml Wasser pro Kilogramm Körpergewicht an, was sich mit Werten von Moncayo (1992) sowie Rico Numbela & Rivas Valencia (2003) deckt, die 10 %/kg Körpergewicht nennen.

Nun steht Grünfutter in Südamerika sehr reichhaltig und ganzjährig zur Verfügung, während wir hier einem jahreszeitlichen Wandel ausgeliefert sind. Was also, wenn der Winter kommt und auf der Wiese gleich nebenan nichts mehr nachwächst? Für alle, die viele Tiere halten, kann der Einkauf in der Obst- und Gemüseabteilung teuer werden. Eine Möglichkeit ist, bei Einkaufsmärkten nachzufragen. Manche lassen ihren Überschuss gerne kostenlos abholen. Auf Äckern „stoppeln" können Sie auch, aber fragen Sie erst den Landwirt. Möglicherweise ist er damit nicht einverstanden oder hat schon Dünger oder Pestizide ausgefahren. Einlagern ist eine weitere Möglichkeit: Frostfrei und dunkel im Keller oder in einem sandgefüllten Balkonkübel, gut vor Nässe geschützt, halten sich manche Obstsorten lange (verlieren aber Wasser und Vitamine). Gemüsesorten wie Rote Beete, Dickwurz und Gelbrüben überstehen sogar Frost, wenn sie ungewaschen aus der Produktion kommen. Nach portionsweisem Auftauen vor dem Verfüttern sind immer noch alle Spurenelemente, fast alle Vitamine und Nährstoffe enthalten. Manche Obst- und Gemüsesorten sind überdies ganzjährig erhältlich, sodass sie zu einer vollwertigen und gleich bleibenden Basiskost der Cuys beitragen können, ohne größere Futterumstellungen.

Saftfutter muss frisch und trocken sein und darf niemals schimmelig, gegoren, faulig oder mit Ungeziefer und Pilzen befallen erscheinen. Umweltgifte (Dünger, Pestizide) und Verunreinigungen (Tierkot) sollten vermieden werden! Manche Pflanzen haben giftige Keime, Stängel und Blätter (z. B. Kartoffeln, Tomaten) oder sind zu scharf (Peperoni). Andere Gewächse werden angewelkt (Confey) oder getrocknet (Brennnessel) gegeben. Völlig ungeeignet sind Rübenschnitzel oder siliertes Futter, wie man sie von der Fütterung von Kaninchen kennt.

Links: Breitwegerich,
rechts: Johanniskraut
Foto: M. Cadena Arias

Ganzjährig erhältliches Obst wie Äpfel und Gemüse wie Karotten (mitsamt Kraut), Gurken, Paprika, Tomaten (ohne Stiele!) sowie Gräser und Kräuter ergeben das „Basisfutter". Dazu kommen Gras und Kräuter der Wiese (wie z. B. Löwenzahn, Spitzwegerich, Klee, Wicke, Franzosenkraut und Schafgarbe). Mit saisonalen Salat-Angeboten (Chicoree, Eisberg-, Endivien- und Feldsalat, Rukola), Kürbissen, Melonen, Roter Beete und diversen Kohlsorten in Maßen (weil blähend) wie China-, Blumen- und Grünkohl, Brokkoli, Weiß- und Rotkraut sowie Borretsch, Mangold, Fenchel, Spinat, Sellerie und Zucchini runden wir die Cuy-Nahrung ab. Gekochte Kartoffeln und getrocknetes Brot kann man im Winter als Energielieferanten zufüttern.

Laub und Beschnitt
Foto: M. Cadena Arias

Heu und Kraftfutter

Eine betont ballaststoffreiche Kost ist wichtig, weil sie hilft, den Nahrungsbrei im Darm der Cuys vorwärts zu schieben. Raufutter in Form von Heu und Stroh muss immer zur freien Aufnahme bereitstehen und darf nicht muffig, schimmelig-süßlich oder nach Stallung riechen (auf richtige Lagerung achten). Kraftfutter soll Kalorien und Eiweiß liefern und besteht daher neben geringen Raufaseranteilen (Luzernemehl, Hafer, Weizen, Mais) überwiegend aus öl- und fettreichen Samen und Saaten (Raps, Sonnenblumen- und Kürbiskerne, Leinsamen, Erdnüsse) sowie diversen Zusätzen (Mineralstoffe, Vitamine), entweder als Fertigmischungen mit Grobkomponenten (begünstigen „Selektionsfressen") oder als Pellets. Leider sind viele Heimtierprodukte für Cuys zu reichhaltig: Die Tiere werden zu schnell fett. Produktionsbedingte Zusatzstoffe wie Rohasche (Abfall der Müllverbrennung!) und Kleber oder Melasse (Zucker!) wirken

Wussten Sie schon?
Gartenkräuter wie Dill, Petersilie, Maggikraut und sogar Lauch werden von Cuys gerne als Magen-Medizin und Stärkungsmittel genommen. Die enthaltenen ätherischen Öle wirken positiv auf die Verdauung. Wasser, in dem man vorher einen Tag lang Knoblauch ziehen ließ, ist bei Kaninchenhaltern ein altbewährtes Mittel zur Verhütung von Infektionen. Zitrusfrüchte – wenn sie von den Tieren genommen werden – dienen der Versorgung mit Vitamin C und stärken die Immunabwehr.

Topinambur
Foto: M. Cadena Arias

Oben: Mischung aus Heu-Cobs, gewalzten Bohnen und getrocknetem Gemüse zum Anreichern von Pellets
unten: Maisstroh-Cobs
Foto: M. Cadena Arias

außerdem nachteilig auf die Verdauung. Da Cuys bzw. Meerschweinchen von Natur aus keine Körnerfresser sind, ist der Verzicht auf Getreidekörner – außer deren Spelzen, Blättern und Halme – zu überlegen. Stattdessen ist die Gabe reiner Heu-, Maisstroh-, Luzerne- bzw. Wiesengras- und Kräuter-Pellets sinnvoll.

Der Praxistipp
Das Angebot an Fertigfuttermischungen ist inzwischen unüberschaubar geworden. Bitte beachten Sie: ein Zuviel davon lässt Cuys schnell verfetten. Zur Erhöhung des Rohfaseranteiles von Pellets kann man reine Heu- und Maisstroh-Cobs, Luzerne-Presslinge und Wiesengrasbriketts geben. Das ideale Kraftfutter besteht aus 58–65 % Energielieferanten, 14–21 % Proteinen und 8–15 % Rohfaser, wobei Zuchttiere 30–40 g, Jungtiere 15–20 g und Babys nur 10 g pro Tag erhalten (Esquivel 1994).

Bedarfsangaben
Nährstoff- und Mineralstoffbedarf sind je nach Lebensumstand und Alter unterschiedlich. So benötigen trächtige Weibchen und Junge mehr Eiweiß, Tiere in Aufzucht zusätzlich mehr Kalorien. Als Mindestanforderung an Inhaltsstoffen im Cuy-Futter geben Trujillo (1994) sowie Numbela & Rivas Valencia (2003) an:

Nähr- und Mineralstoffe	Menge je kg Mischfutter
Eiweiß	13-22 %
Energie	2.800-3.000 kcal
Rohfaser	8-17 %
Rohfett	1 %
Vitamin A	1000 IE
Vitamin B1	2,0 mg
Vitamin B2	3,0 mg
Vitamin B12	10 mg
Vitamin C	200 mg
Vitamin D	7,0 IE
Vitamin E	50 IE
Vitamin H	0,30 mg
Vitamin K	5,0 IE
Pantothensäure	20 mg
Folsäure	4,0 mg
Niacin	10 mg
Cholin	1,0 g/kg
Calcium	0,8-1,0 mg
Chrom	0,60 mg
Eisen	50 mg
Jod	1,0 mg
Kalium	0,5-1,4 mg
Kupfer	6,0 mg
Magnesium	0,1-0,3 mg
Mangan	40 mg
Natrium (Salze allgemein)	0,5 %
Phosphor	0,4-0,7 mg
Selen	0,10 mg
Zink	20 mg
Mineralstoffe gesamt	3-4 %

Wichtig
Cuys sind zwar doppelt so groß wie „gewöhnliche" Meerschweinchen, verwerten aber nicht automatisch auch doppelt so viel. Als Faustregel gilt: Immer nur so viel Futter geben, wie auch verbraucht wird. Cuy-Futter besteht aus folgenden Komponenten: Saftfutter, Wasser, rohfaserreiche Kost/Raufutter (Heu, Stroh) sowie wenig Kraftfutter/Pellets mit mineralischen Zusätzen und Vitaminen.

Gräser von der Wiese sind für Cuys das beste Futter.
Foto: M. Cadena Arias

Mineralstoffe und Vitamine

Spurenelemente, Mineralstoffe und Vitamine dienen der Vorbeugung von Krankheiten und sind bei vielen Körperfunktionen wichtig, besonders bei erhöhtem Bedarf in Zucht und Aufzucht. Daher sollte man den Tieren Salzlecksteine oder vitaminisiertes Kalkpulver anbieten. Von großer Bedeutung ist Vitamin C, das von Cuys bzw. Meerschweinchen nicht selbstständig gebildet werden kann. Es muss daher zusätzlich über Futter oder Trinkwasser zugeführt werden. Der Tagesbedarf an Vitamin C wird bei Hamel (2002) mit 16 mg/kg Körpergewicht angegeben.

Vorsicht, giftig!

Freilauf ist gut, aber in Wohnung und Garten lauern Gefahren in Form giftiger Pflanzen. Toxisch sind:
A: Adonisröschen, Alpenveilchen, Aronstabgewächse (z.B. Dieffenbachie, Flamingoblume, Kolbenfaden, *Philodendron*), Azalee, Avocado
B: Besenginster, Blauregen, Blumenzwiebeln (Iris, Lilien, Narzissen, Tulpen, Maiglöckchen), Buchsbaum
E: Efeu, Eibe (Iber-, Kantelbaum, Taxus), Eisenhut, Engelstrompete/Trompetenbaum, Euphorbien (z.B. Weihnachtsstern oder Poinsionette, Christusdorn)
F–H: Fingerhut, *Ficus* (Gummibaum), Fliegenpilz, Glockenblumen, Goldregen, Hahnenfuß (Christrose, auch Almröserl, schwarze Nießwurz), Herbstzeitlose
K–M: Kartoffelkraut und -Keime, Liguster (Rainweide), Lupine, Mutterkorn (Achtung: im Körnerfutter möglicherweise vorhanden!)
O–R: Oleander, Paffenhütchen, Pfingstrose, Primeln, *Ricinus*, *Rhododendron* (Alpenrose), Rosskastanien-Samen
S–T: Sansevierien, Schierling, Steinklee, Tomatenkraut
Y–Z: Yuca-Palme, verschiedene Ziersträucher und deren Beeren (Tollkirsche, Seidelbast, Rote Heckenkirsche, Schneeball, Stechpalme, Eberesche), Zypressengewächse (Sadebaum oder Stinkwacholder, Lebensbaum, Thuja)

Gesunderhaltung

Nach Beobachtung südamerikanischer Züchter ist die Krankheitsanfälligkeit von Cuys farb- und rasseabhängig. Nach Baquero (pers. Mittlg. 2005) sind seine schwarz bzw. dunkel pigmentierten Tiere robuster als helle Exemplare. Manche Züchter meiden aus demselben Grund ganz bewusst rotäugige Cuys. Die Großhallen der Zuchtfarmen stehen in der Tat stark unter Einfluss örtlicher Umweltfaktoren, so bestimmen scheinbar Klimazonen über den Erhalt von Rassen. Da wir aber unsere Tiere anders halten, lassen sich diese Beobachtungen nicht übertragen. Ebenso wenig ist erkennbar, dass Cuys empfindlicher wären als kleine Meerschweinchen; beide sind für dieselben Krankheiten anfällig. Lediglich ihre Sensibilität und innere Unruhe machen Cuys anfälliger für Stress. Dass dies wie bei manchen Hochleistungs-Nutztieren (z. B. Schweine) auf Überzüchtung gründet, wird von Baquero verneint. Er meint, es sei eine Frage des Temperaments, was von vielen Züchtern bisher ungenügend beachtet wurde. Gerade die gut durchgezüchteten „Mejorados“ sind nach seiner Beobachtung ruhiger.

Wussten Sie schon?
In Südamerika werden Cuys auf Anraten der Veterinärämter zweimal im Jahr vorsorglich mit Breitbandantibiotika „geimpft“.

In Südamerika werden Parasiten (Milben, Haarlinge, Flöhe, Pilze), Infektionen (z. B. Pasteurellose, Salmonellose, Tollwut) oder Hautverletzungen sehr ernst genommen, weil es dadurch zu großen Ausfällen in der Massentierhaltung und finanziellen Einbußen durch Karenzzeiten (Verkaufs- und Verzehrstopp) kommen kann.

Woran erkenne ich kranke Cuys?

Da kranke Cuys sich gerne verkriechen und erst freiwillig aus dem Versteck kommen, wenn sie schon fast am Ende sind, werden ernste Leiden oft viel zu spät erkannt. Stetes Beobachten nach Auffälligkeiten (Benehmen, Geräusche, Ausscheidungen, Fell) ist daher wichtig.

Die wichtigsten Bedingungen der Gesunderhaltung sind:
- gute Stallhygiene (Parasiten sind mit frei käuflichen Mitteln noch gut zu bekämpfen)
- richtige weiche Einstreu (z. B. gegen Ballenentzündungen, Erkältungen)
- gute Ernährung
- vernünftige Eingewöhnung und Beschäftigung der Tiere (Stressminimierung)
- richtiger Umgang (Vermeiden von Prellungen, Knochenbrüchen, inneren Blutungen durch geschicktes Einfangen und Festhalten der Tiere)
- rechtzeitiges Erkennen von Ungereimtheiten – ggf. sollte man dann sofort den Tierarzt aufsuchen

Häufigere Gesundheitsprobleme

Die kurze Lebensdauer der Cuys ist als ähnliches Phänomen z. B. aus der Hundezucht bekannt: Bei vielen großen Rassen ist mit einer kürzeren Lebenserwartung zu rechnen, weil schnelles Wachstum entsprechend zur frühen Alterung von Körperzellen führt. Alterserscheinungen können sein:

mangelnde Teilnahme am Gruppenleben und häufiges Liegen, Appetitlosigkeit und Gewichtsabnahme. Cuys leiden früher an Arthrose, der Bildung von Abszessen und Tumoren, Böcke neigen früh zur Verstopfung der Perinealtasche. Diese Merkmale sind nur sporadisch und bestandsabhängig beobachtet worden und können durch entsprechend optimale Pflege und bestes Futter hinausgezögert werden. Fehlfunktionen innerer Organe, Stoffwechselentgleisungen und Herz-Kreislauf-Versagen treten vermehrt bei Original-Importtieren und der ersten Nachzucht auf, meist als Folge von Übergewicht und extremer Organverfettung (durch falsche Kost). Aber auch Überempfindlichkeit auf Medikamente (z. B. Überdosierung von Narkosemitteln) wird als möglicher Auslöser für Kollapse genannt.

Als Züchtungsfehler gilt der Senkrücken, von dem oft Cuys mit extrem langer Rückenpartie betroffen sind, ebenso die Neigung zu Bindegewebsschwäche und schwacher Quermuskulatur. Das führt bei Böcken im Einzelfall zu Hoden- und Leistenbruch, manche Babys werden mit Nabelbruch geboren, bei gebärenden Weibchen muss mit Darmvorfall, Gebärmutterriss und dem Eindringen der Frucht in die Bauchhöhle unter Todesfolge gerechnet werden.

Das Phänomen des „Fatty Eye“ (Speckauge) ist schwer herauszuzüchten, denn es tritt häufig erst mit fortschreitendem Alter und Übergewicht breitbackiger Cuy-Exemplare auf. Das Unterlid am Auge der Tiere hängt so nach unten, dass das Fettgewebe hervorquillt: Irritationen und Infektionen durch Schmutz, Staub oder Einstreu sind vorprogrammiert.

Polydaktiler Cuy. Gesehen bei C. Jara, Ibarra, Ecuador Foto: M. Cadena Arias

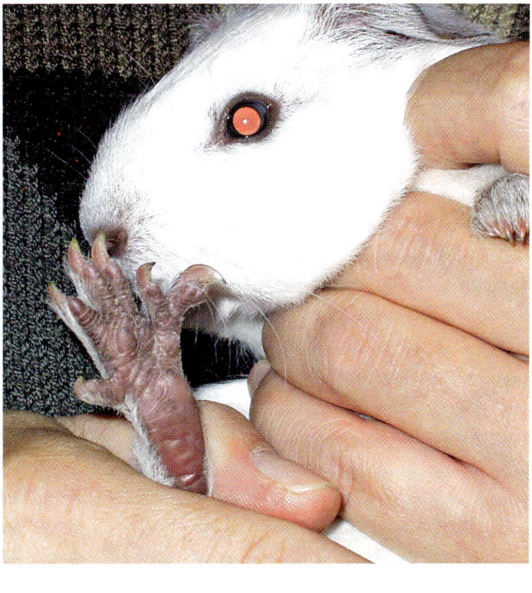

Als semi-dominant bis dominant vererbende Anomalie der Extremitäten anzusehen ist die Polydaktylie (Vielzehigkeit). Diese kommt bei kleinen und Riesen-Meerschweinchen gleichermaßen vor, wurde jedoch bei Cuys in der Vergangenheit selektiv gefördert. Nach einem Aberglauben der Indios seien überzählige Zehen (6–8 an Vorder- oder Hinterpfoten) ein Zeichen besonderer Fruchtbarkeit, was statistisch widerlegt wurde (Esquivel 1994). Man könnte meinen, bei solchen Proportionen sei eine größere Auftrittsfläche für Cuys von Vorteil, doch Polydaktylie kann eine Behinderung bedeuten (hohe Verletzungsgefahr durch Hängenbleiben, Einwachsen schiefer Krallen in die Fußballen). Selbst wenn man betroffenen Tieren operativ helfen kann (z. B. Entfernen von „Wolfskrallen“), sollten sie in der Zucht nicht zugelassen werden, wenn eine bessere Auswahl da ist. Viele namhafte Züchter Südamerikas halten sich inzwischen auch an diese Empfehlung, da bei der dort üblichen Haltung auf Rosten die Nachteile überwiegen.

Ein Tierarztbesuch ist nötig bei:

- häufigem Kratzen mit Kahlstellen, struppig-glanzlosem Fell mit Haarausfall und Schuppen (Parasitenbefall)
- Wunden, Rötungen, Grind (Hautverletzungen durch Bisse, Hautverpilzungen)
- Schwellungen, Knoten (Brüche, Abszesse, Tumoren)
- Tier stellt Nackenhaare auf, knirscht mit den Zähnen, kneift Augen zu, stützt sich mit der Nase ab (Schmerzen)
- Kauschwierigkeiten, Sabbern, gänzliches Einstellen des Fressens (Zähne, Verdauung)
- hoppelnd-torkeliger Gang, Blähbauch (Verdauung: Verstopfung, Durchfall)
- Abmagerung, eingefallener Hinterkörper trotz Fressen (Verdauung, Würmer)
- blutiger Urin (Blasenentzündung, Steine)
- Husten, Niesen, verklebte Augen und Nase, rasselnde Atemgeräusche, verkrustete oder fiebrige Ohren (Erkältung, Infektionen aller Art)
- Schiefstellung des Kopfes, Augenrollen, unklarer oder glasiger Blick
- Gleichgewichtsstörungen, Innenohrentzündung; bei Babys: „Sternenguckerkrankheit“, „Mirror-Eye“

Wichtig!
Cuys neigen häufig zu Gesundheitsproblemen wie:
- kürzere Lebensdauer, frühe Alterserscheinungen
- Fehlfunktion der inneren Organe, Stoffwechselentgleisungen, Herz-Kreislauf-Versagen
- Anomalien/Missbildungen des Knochenbaus (z. B. Senkrücken, Polydaktylie)
- andere Mängel (Bindegewebsschwäche, Wurfprobleme, „Fatty Eye“ etc.)

Cuy-Weibchen mit ausgeprägtem Senkrücken. Wie schmerzhaft muss es für tragende Tiere sein, wenn die wachsende Last ihren Rücken nach unten biegt. Bei Neigung zu Bindegewebsschwäche bleibt der Bauch für immer ausgebeult.
Foto: M. Cadena Arias

Zähmung und Beschäftigung

Nach fast einstimmiger Feststellung ihrer Halter sind Cuys scheu und reagieren oft panisch. Auch wenn große Exemplare nicht mehr so flitzen, sitzt der Urinstinkt der klassischen Beutetiere noch tief in ihnen. Dennoch ist es möglich, sie zu zähmen. Cuys benötigen viel Zeit für die Eingewöhnung, manchmal bis zu 3 oder 4 Monate. Fühlen die Tiere sich erst einmal geborgen, sehen sie ihre Pfleger nicht mehr als Gefahr an. Wenn Cuys von klein auf an Menschenhand gewöhnt sind, werden sie sogar richtig verschmust; unbekannten Personen gegenüber fremdeln sie hingegen.

Zur Beschäftigung benötigen Cuys keine Laufräder wie Mäuse oder Hamster, auch keine Spiegel oder Bälle. Diverse Hindernis-Parcours und Labyrinthe aus Tunnelröhren, Brücken und Kartons reichen völlig aus. Sie bringen Abwechslung und fördern den Spiel- und Bewegungsdrang der Tiere. Turmbauten und Etagen mit Futterecken sorgen zudem dafür, dass sie sich bei der Nahrungssuche anstrengen müssen.

Regelmäßige Gewichtskontrollen dienen der Gesundheitsvorsorge.
Foto: P. Ludwig-Bauer

Der Praxistipp
Bitte lassen Sie keine Cuys unbeaufsichtigt frei im Zimmer laufen, da sie Kabel oder giftige Zimmerpflanzen anknabbern könnten. Achten Sie auch auf offene (Balkon-) Türen und Schlupflöcher, aus denen die Tiere nur unter Schwierigkeiten wieder befreit werden können.

Sheltie-Cuy dreifarbig
Foto: M. Zeddies

Nachwuchs bei Cuys

Neugeborenes Cuy mit 190 g Geburtsgewicht
Foto: M. Cadena Arias

Cuy-Weibchen werden alle 14–16 Tage brünstig und sind für etwa zwölf Stunden aufnahmebereit. Dabei entscheiden sie selbst, ob sie vom Partner begattet werden wollen. Ansonsten wird der Bock unter heftigen Bissen zur Flucht getrieben. War die Verpaarung erfolgreich, geschieht in ihrem Verhalten praktisch gar nichts: Kaum eine Änderung im Aggressionsverhalten, kein Nestbau, kein Rückzug aus der Gruppe in stille Ecken. Nur gegen Ende der Trächtigkeit ist das Weibchen bewegungsträge und besitzt teils den doppelten Bauchumfang wie vorher. Der Bock umgarnt und beschützt seine trächtige Partnerin auf Schritt und Tritt, das Ereignis der Geburt rege abwartend, zum Nachdecken stets bereit.

Der Praxistipp
Spätestens, wenn sich der Bauch der Mutter abgesenkt hat (2–3 Tage vor der Geburt), sollte man den Bock wegsetzen, sonst gibt es bald wieder Nachwuchs!

Wirbeliger Langhaar-Cuy
Foto: M. Zeddies

Verhalten und Entwicklung von Jungtieren

Nach etwa 68–74 Tagen sind die Jungen endlich da – als voll entwickelte Nestflüchter mit Fell, offenen Augen und bleibenden Zähnen können sie schon nach wenigen Stunden mühelos herumlaufen. Nach einem Tag rennen und springen sie, nagen an Heu oder folgen der Mutter auf allen ihren Trampelpfaden. Je mehr die Jungen selbstständig fressen, desto lästiger wird der Mutter das Säugen. Ab der zweiten Woche „prügelt“ sie zum „Abstillen“ immer häufiger auf die Jungen ein, die teils – ihre Hinterpfoten hebend – laut jaulen, teils schnellstens das Weite suchen. Bald müssen sie sich in der Gruppe behaupten – je früher sie das lernen, desto besser. Bis zum Flegelalter drehen sie täglich freudige Hüpf-Renn-Runden.

Zuchtvoraussetzungen und Zuchtmethoden

Möchten Sie Cuys züchten? Dann sollten Sie sich zunächst auf ein Zuchtziel festlegen (z. B. für den Anfang nur eine Farbe/Rasse), den benötigten Platz dafür einrichten und gute Ausgangstiere kaufen.
In Frage kommen fruchtbare, kräftige und vitale Jungtiere oder bereits deck-/wurferfahrene Cuys (keine Alttiere). Bei der Zusammenstellung von Zuchtgruppen können wir nach südamerikanischen Kriterien vorgehen: Gute Böcke wiegen mit vier Monaten

Wussten Sie schon?
Cuy-Mütter werden im Extremfall allein durch Jungtiere, Plazenta und Fruchtwasser mit einem zusätzlichen Gewicht von bis zu 1 kg (!) belastet. Oft werfen Erstgebärende nur 1–2 Junge, wurferfahrene Zuchttiere manchmal bis zu acht. Tragzeit und Geburtsgewichte reduzieren sich, je größer der Wurf ist.

Vater und Sohn
Foto: M. Cadena Arias

über 1 kg, Weibchen mit drei Monaten etwa 700–800 g. Das sind die Mindestgewichte für Erstverpaarungen. Frühreife Weibchen werden zwar schon mit 3,5–4 Lebenswochen trächtig und können – gute Ernährung vorausgesetzt – sowohl die Entwicklung des Wurfes gewährleisten als auch das eigene Körperwachstum aufrechterhalten (ZUMBACH 1998), doch Erfahrungsberichte zeigen, dass zu frühes Decken zu kleineren oder langsamer wachsenden Jungen führt, die von Anfang an schlechtere Startchancen haben. Zur Vorbereitung der Anpaarungen wird eine drei- bis viermonatige Zuchtdiät empfohlen, bestehend aus 250 g Saft- und nur 25 g Kraftfutter täglich. Danach wird die Kraftfuttermenge auf 30–40 g erhöht.

Gruppen werden im Verhältnis (Bock zu Weibchen) 1 : 5 oder 1 : 10 zusammengestellt. Von einer intensiven Verpaarung, bei dem der Bock für die Dauer eines Jahres mit den Weibchen zusammenlebt, wird abgeraten: Zu frühes und ständiges Nachdecken aufgrund von Geburten im Beisein des Bockes führen zu häufigen Früh- bzw. Fehlgeburten und einer höheren Jungtiersterblichkeit. Zudem ist es bei diesem Modell

Wussten Sie schon?
Roberto Moncayo bewertet seine Zuchttiere nach Rassekriterien (wie Typ, Farbe, Fellstruktur, Augenfarbe, Ohrengröße, Zehenzahl) und Leistungsmerkmalen wie Frühreife, Fruchtbarkeit, Überlebensfähigkeit/Widerstandskraft, Wurfleistung (Wurfgröße, Wurffrequenz), Geburtsgewichte, Gewichte im Absetzalter, Produktivität („Milchleistung") der Mutter (= Gewicht aller Jungen nach dem Absetzen von der Mutter), Reproduktionsleistung der Mutter (= Anzahl aufgezogener Junge pro Zeiteinheit), Produktivität der Böcke (= Gewicht aller Jungen, die ein Bock pro Auslauf gezeugt hat), Gewichts- und Wachstumsleistung/Frohwüchsigkeit.

Schwarze Mutter und schwarz-weißes Jungtier
Foto: M. Cadena Arias

schwierig, unfruchtbare Weibchen aufzuspüren. Besser ist die Methode der kontrollierten Verpaarung: Der Bock sitzt für 5–8 Monate bei den Weibchen und ist beim Werfen nicht dabei. Nach Sicht von Moncayo sind Sterberaten von 10–15 % im Absetzalter, 5–10 % bei Tieren in Aufzucht bis zum Verkauf und 3–4 % bei Zuchttieren noch normal. Als ideales Absetzalter von Cuy-Babys gelten 10–14 Tage. Weibchen, die bis zu sechs Mal in Folge geworfen haben, werden in „Rente" geschickt. Gute Zuchtauswahl und die Bewertung der Tiere nach Leistungskriterien sind nur ein Teil, der zum Erfolg in der Cuy-Zucht führt. Hin und wieder sind genetische Verbesserungen anhand von Probeverpaarungen nötig. Hier helfen uns folgende Zuchtmethoden:

Die Anpaarung blutsfremder Ausgangstiere derselben Rasse und Farbe (z. B. Glatthaar Weiß Pinkeye x Glatthaar Weiß Pinkeye = Glatthaar Weiß Pinkeye) bezeichnet man als Reinzucht. Die Merkmale und Anlagen der Elterntiere können sehr breit streuen, aber die Entwicklungsmöglichkeiten sind begrenzt, wenn bestimmte Merkmale einer Rasse/Farbe fehlen oder das Erbgut der Gruppe ausgenutzt ist. Spätestens jetzt ist die Linienzucht anzuwenden: Bei dieser Methode verpaart man miteinander verwandte Tiere, gestaffelt nach Verwandtschaftsgrad (mäßige bis enge Inzucht zwischen Nichte x Onkel, Cousine x Cousin, Geschwistern oder engste Inzucht unter Rückkreuzung auf Eltern und Großeltern) und erhält so Stämme oder Blutlinien. Nachteilig ist, wenn nur wenige Ursprungstiere zur Verfügung stehen: Es kommt zur Wiederholung und Potenzierung mancher Mängel.

Um Leistungsmerkmale zu verbessern, nimmt man Kreuzungen vor. Die „Zwischenprodukte“ drückt man als Blutanteile „Tier 1“ zu „Tier 2“ im Verhältnis 1/2, 3/4, 7/8 usw. aus. Man beachte aber, dass vieles nicht erblich, sondern auf den sog. Heterosis-Effekt zurückzuführen ist, bei dem die Nachkommen bessere Eigenschaften besitzen als die Eltern. Hier hilft die Rückkreuzung unter Anwendung der Verdrängungszucht weiter. Die Mischlinge werden auf ihre (Leistungs-) Merkmale hin untersucht und evaluiert. Nur die besten Tiere werden verpaart – so lange, bis sich die Gruppe stabilisiert hat. Die Schwierigkeiten in der Cuy-Zucht liegen darin, dass die meisten europäischen Cuy-Bestände auf dieselben Ausgangstiere und ihre Fehler zurückgehen. Können bestehende Mängel nicht anders eliminiert werden, werden das vereinzelte Einkreuzen kleiner Meerschweinchen (Böcke) und die Rückkreuzung auf Größe nötig. Hierbei haben die Verbesserung der Cuys und ihre Anpassung an hiesige Umstände Vorrang gegenüber der Rasse- und Farbvielfalt. Von vielen wird diese Methode kontrovers diskutiert, weil eine unkontrollierte Vermischung von Cuys mit kleinen Meerschweinchenrassen mit allen negativen Konsequenzen befürchtet wird. Beipflichtend kann gesagt werden, dass Versuche ohne Methodik weder der Cuy- noch der Rassenzucht dienen.

Was für ein „Wonneproppen“: neugeborenes Cuy
Foto: M. Zeddies

Im Doppelpack: Amerikaner in Rot-Weiß
Foto: B. Jordan

Um eine bessere Kontrolle über Zucht und Vermarktung zu behalten, setze man vor allem auf eine gewissenhafte Führung eines Zuchtbuches. Darin sind die Abstammungen, Evaluierungen, Wurfangaben und ggf. Vermerke über den Verbleib von Mischlingen festzuhalten. Die Verwendung von Ohrmarken (evtl. sogar Eintragung in ein zentrales Vereinsregister) und der Erfahrungsaustausch unter Züchterkollegen im Verein können ebenfalls für mehr Transparenz sorgen.

Da hierzulande nicht die Leistung der Cuys als Nutztiere, sondern ihre Bewertung nach europäischen Schönheitsidealen zählt, liegt ihre Zukunft in der Akzeptanz als Großrasse. Vielleicht werden sie eines Tages das Bild von Vereinsschauen mitbestimmen – nicht als Kuriosität im Sonderkäfig, von wenigen Fans gehalten, sondern als echte Show-Tiere. Cuys europäischen Standardformen anzunähern, kann viele Jahre harte züchterische Arbeit bedeuten, aber würde sich diese Herausforderung nicht lohnen? Rassebeschreibungen ließen sich durch eine neue Dimension, die Klassifizierung nach „Masse" bereichern. Ob Sie nun Cuys lediglich aus Liebhaberei halten oder auch züchten, ich wünsche unserem sehr schönen Hobby und den Cuys hier in Europa eine erfolgreiche Zukunft.

Der Praxistipp
Wenn Sie Cuys per Hand aufziehen müssen, gilt dasselbe wie für Meerschweinchenjunge: Viele Streicheleinheiten, klein geschnittenes Gemüse, ggf. vorsichtiges Zufüttern von Nahrungsbrei (in Pulverform erhältlich beim Tierarzt). Gesunde Cuy-Babys sind auch mutterlos überlebensfähig.

Weitere Informationen

Zur Vertiefung der in diesem Buch gegebenen Informationen und um weiteren Einblick in Kleinsäuger-Themenbereiche zu erhalten empfehlen sich die Mitgliedschaft in einem Verein gleich gesinnter Tierfreunde sowie ein intensives Literaturstudium. Die folgenden Auflistungen sollen dabei behilflich sein, einen Einstieg in die Thematik zu finden, können aber natürlich nur einen kleinen Ausschnitt aufzeigen.

Ämter

Bundesamt für Naturschutz (BfN)
Konstantinstr. 110, D-53179 Bonn
Telefon: 0228-8491-0, Fax: 0228-8491-200
Internet: www.bfn.de
Für Artenschutz-Fragen: www.wisia.de

Bundesministerium für Verbraucherschutz, Ernährung und Landwirtschaft (BMVEL, vormals BMELF)
Referat Tierschutz, Postfach 140270, D-53107 Bonn
Telefon: 0228-529-0 oder 01888-529-0,
Fax: 0228-529-4262 oder 01888-529-4262
Internet: www.verbraucherministerium.de
Das BMVEL verschickt kostenlos das „Gutachten über Mindestanforderungen an die Haltung von Säugetieren“ sowie das Tierschutzgesetz.

Schecken-Cuys
Foto: P. Ludwig-Bauer

Schopf-Cuy in Beige-Safran-Weiß
Foto: M. Zeddies

Vereinigungen

Interessengemeinschaft Cuys e.V.
c/o Marta Cadena Arias,
Lessingstraße 7, D-64331 Weiterstadt
Telefon: 06150-591030
Internet: http://de.groups.yahoo.com/group/cuys

Bundesarbeitsgruppe (BAG) Kleinsäuger e.V.
c/o Uwe Wurlitzer, Schulzoo Binzer Straße,
Binzer Str. 14, D-04207 Leipzig
Internet: www.bag-kleinsaeuger.de
Herausgeber der „BAG Mitteilungen“

Bundesverband für fachgerechten Natur- und Artenschutz e. V. (BNA)
Ostendstraße 4, D-76707 Hambrücken
Internet: www.bna-ev.de

Tierärztliche Vereinigung für Tierschutz (TVT)
Bramscher Allee 5, 49565 Bramsche
Internet: www.tierschutz-tvt.de

Deutsche Gesellschaft für Säugetierkunde
c/o Prof. Dr. Günther B. Hartl, Institut für Haustierkunde,
Christian-Albrecht-Universität zu Kiel,
Olshausenstr. 40-60, D-24113 Kiel
Internet: www.uni-kiel.de/ifh/dgs
Herausgeber der „Mammalian Biology“ (s. u.)

Angora-Cuy in
Silbragouti-Weiß
Foto: M. Zeddies

Zeitschriften

RODENTIA – Nager & Co und **RODENTIA – Exoten**
Kleinsäuger-Fachmagazin
Populärwissenschaftliches Kleinsäuger-Fachmagazin für domestizierte Arten und Wildformen
Natur und Tier - Verlag,
An der Kleimannbrücke 39/41, D-48157 Münster
Telefon: 0251-13339-0, Fax: 0251-13339-33
E-Mail: verlag@ms-verlag.de
Internet: www.ms-verlag.de

UMSS	Zootechnische Fakultät der „Universidad Mayor de San Simon“ in Cochabamba	Bolivien
	Universidad Nacional de Agraria La Molina, Lima	Peru
PUCP	Pontificia Universidad Católica del Perú	Peru
	Zootechnische Fakultät der Universität von Riobamba	Ecuador
CARITAS		Peru, Bolivien, Ecuador
CIED	Centro de Investigación, Educación y Desarrollo	Peru
CIID	Centro Internacional de Investigaciones para el Desarrollo	Peru, Bolivien, Ecuador
EDAC	Equipo de Desarrollo Agropecuario de Cajamarca (Tochtergesellschaft der CIED)	Peru
FAO	Organización de las Naciones Unidas para la Agricultura y Alimentación, „Food and Agriculture Organisation” (Welternährungsorganisation)	Peru, Bolivien, Ecuador
IDNA, OIA	Instituto Nacional de Agraria / Alimentación	Peru
INIA	Instituto Nacional de Investigación Agraria	Peru, Ecuador
MAG(DR), MINAG	Ministerio de Agricultura y Ganaderia	Ecuador, Bolivien, Peru
ONG(D)	Organizaciones No Gubernamentales de Desarollo, darunter die „Fundacion Intervida“	Peru

Universitäre Einrichtungen, staatliche Ämter und kirchliche sowie private Organisationen, die sich für die Verbesserung der Cuy-Zucht einsetzen

Freundschaftsbekundung bei Cuys: gegenseitiges Ohrenlecken
Foto: M. Zeddies

Verwendete und weiterführende Literatur

CHAUCA DE, Z.L. (1997): Sistemas de Produccion de Cuyes (*Cavia porcellus*). S. 113–123 in: Seminario taller sobre nuevos avances en la cuyecultura latinoamericana, Memorias. – Universidad Mayor de San Simon, Facultad de Cs. (Sciencias) y Technologia, UMSS Cochambamba.

EKNIGK, H. (2002): Kaninchenvererbung – Der Ratgeber für die Praxis. – Oertel + Spörer Verlagshaus, Reutlingen.

ESQIVEL, R.J. (1994): Criemos Cuyes. – IDIS, Cuenca.

HAMEL, I. (2002): Das Meerschweinchen als Patient. – 2. völlig neu bearb. Auflage, Enke Verlag in MVS Medizinverlage, Stuttgart.

HÖLTING, G. (1997): Estudio del Rendimiento Reproductivo en Cuyes.

Bunte Cuy-Gruppe
Foto: M. Zeddies

S. 124–132 in: Seminario taller sobre nuevos avances en la cuyecultura latinoamericana, Memorias – Universidad Mayor de San Simon, Facultad de Cs. (Sciencias) y Technologia, UMSS Cochambamba.

Moncayo, G.R. (1997): Avances Tecnicos en la Produccion comercial de Cuyes. S. 91–98 in: Seminario taller sobre nuevos avances en la cuyecultura latinoamericana, Memorias. – Universidad Mayor de San Simon, Facultad de Cs. (Sciencias) y Technologia, UMSS Cochambamba.

Morales, E. (1995): The Guinea Pig: Healing, Food, and Ritual in the Andes. The University of Arizona Press, Tucson.

Pelz, I. (2001): Mehr über Meerschweinchen. Rassen, Haltung, Vererbung – Das Handbuch für die Praxis. – 2. vollst. überarb. und erw. Auflage, Oertel + Spörer Verlagshaus, Reutlingen.

Reber, U. (2001): Kaninchenhaltung – Das Handbuch für die Praxis. – Oertel + Spörer Verlagshaus, Reutlingen.

Rico Numbela, E. & C. Rivas Valencia (2003): Manual sobre manejo de cuyes. – 2. Auflage, Benson Agricultural and Food Institute, Provo.

Salinas, M. (2002): Crianza y comercialización de Cuyes – Colección “Granja y Negocio”, Lima.

Stichmann-Marny, U., W. Stichmann & E. Kretzschmar. (1994): Der neue Kosmos Tier- und Pflanzenführer. – Franckh-Kosmos Verlag, Stuttgart.

Trujillo, B.R.A. (1994): Biologia del Cuy, Vol. 2 – Anatomia, Manejo, Reproduccion, Sanidad, Mejoramiento, Construcciones. – Editorial Pedagógica “Freire”, Riobamba.

Zumbach, B. (1998): Schätzung von Kreuzungsparametern unter besonderer Berücksichtigung von epistatischen Effekten und einer Optimierung des Kreuzungszuchtverfahren beim Meerschweinchen in Bolivien – veröff. Diss. Humboldt-Universität, Berlin.

Degus

S. Gumnior

80 Seiten, 88 Fotos
Format: 16,8 x 21,8 cm
ISBN 978-3-937285-53-5
14,80 €

Zwerghamster

S. Honigs

80 Seiten, 87 Farbfotos, 3 Grafiken
Format: 16,8 x 21,8 cm
ISBN 978-3-931587-96-3
14,80 €

Präriehunde

C. Ehrlich

112 Seiten, 138 Farbfotos, 6 Grafiken
Format: 16,8 x 21,8 cm
ISBN 978-3-931587-97-0
19,80 €

Stachelmäuse

S. Honigs

80 Seiten, 82 Farbfotos
Format: 16,8 x 21,8 cm
ISBN 978-3-86659-040-3
14,80 €

Steppenlemminge

R. Sistermann

80 Seiten, 104 Farbfotos, 1 Grafik
Format: 16,8 x 21,8 cm
ISBN 978-3-937285-60-3
14,80 €

Kleinsäuger im Terrarium

C. Ehrlich

128 Seiten,
147 Farbfotos, 2 Grafiken
Format: 16,8 x 21,8 cm
ISBN 978-3-86659-023-6

19,80 €

„Ein Muss für jeden, der plant, einem kleinen Exoten ein Heim einzurichten"
(„Ein Herz für Tiere", Juni 2004)

Weg vom muffigen Käfig, hin zu einer modernen und artgerechten Tierhaltung: Viele Kleinsäuger lassen sich am besten in einem entsprechend eingerichteten Terrarium halten. Dieses Buch stellt die geeigneten Terrarientypen vor und schildert ausführlich und praxisnah die erfolgreiche Zucht und Pflege der Tiere.

Leben mit Meerschweinchen

S. Tooson, C. Ehrlich

Dieser Ratgeber zeigt Ihnen, wie Sie Ihre Meerschweinchen artgerecht unterbringen, beschäftigen und fit halten können. Er liefert alle Basisinformationen und an vielen Stellen zusätzlich weiterführende Expertentipps.

184 Seiten, zahlreiche Abbildungen
Format: 16,8 x 21,8 cm,
ISBN 978-3-937285-54-2

19,80 €

Leben mit Kaninchen

C. Wilde

Stets heiter und freundlich, neugierig und verspielt – so sind Kaninchen. Kein Wunder also, dass immer mehr Halter die quirligen Langhohren zu sich in die Wohnung holen.

ca. 200 Seiten, zahlreiche Farbfotos
Format: 16,8 x 21,8 cm, ISBN 978-3-86659-071-7

19,80 €

Natur und Tier - Verlag GmbH
An der Kleimannbrücke 39/41
48157 Münster
Telefon: 0251 - 13 33 9-0
Telefax: 0251 - 13 33 9-33
E-Mail: verlag@ms-verlag.de
Home: www.ms-verlag.de

NTV Meerwasseraquaristik · NTV Terraristik · NTV Kleinsäuger · NTV Reise · NTV Garten